杭黄高铁 一条美丽印象、绿色生态、璀璨人文、创新科技的黄金旅游路线！

宁志刚 题

杭黄高铁创新设计丛书

生态杭黄

SHENGTAI HANG-HUANG

中铁第四勘察设计院集团有限公司　著

丛书主编　光振雄　许国平
本书主编　王忠合　邱文展　高志亮

中国铁道出版社有限公司
CHINA RAILWAY PUBLISHING HOUSE CO., LTD.

图书在版编目（CIP）数据

生态杭黄 / 中铁第四勘察设计院集团有限公司著. — 北京：中国铁道出版社有限公司，2021.12
（杭黄高铁创新设计丛书）
ISBN 978-7-113-28394-0

Ⅰ.①生… Ⅱ.①中… Ⅲ.①高速铁路–生态环境建设–研究–浙江 ②高速铁路–生态环境建设–研究–安徽 Ⅳ.① X731

中国版本图书馆 CIP 数据核字（2021）第 189950 号

书　　名：**生态杭黄**
作　　者：中铁第四勘察设计院集团有限公司

策划编辑：刘建华　王　淳
责任编辑：赵雅敏　　　　　编辑部电话：（010）51873141　　电子信箱：tdcbszhaoym@163.com
封面设计：高博越
责任校对：孙　玫
责任印制：高春晓

出版发行：中国铁道出版社有限公司（100054，北京市西城区右安门西街 8 号）
网　　址：http://www.tdpress.com
印　　刷：北京盛通印刷股份有限公司
版　　次：2021 年 12 月第 1 版　2021 年 12 月第 1 次印刷
开　　本：889 mm × 1 194 mm　1/16　印张：15.5　字数：265 千
书　　号：ISBN 978-7-113-28394-0
定　　价：120.00 元

版权所有　侵权必究

凡购买铁道版图书，如有印制质量问题，请与本社读者服务部联系调换。电话：（010）51873174
打击盗版举报电话：（010）63549461

丛书编委会

主　任：凌汉东　蒋兴锟
副主任：光振雄　朱　丹
主　编：光振雄　许国平
委　员：王玉泽　邱文展　郑　洪　盛　晖　孙红林
　　　　罗汉斌　石先明　邓振林　刘世峰　张超永
　　　　王忠合　宋怀金　南　天　颜湘礼　闵国水
　　　　赵忠保　张跃湘　雷中林　彭文成　周青爽
　　　　焦齐柱　李秋义　曹成度　张　琨　沈志凌
　　　　刘正自　李乾社　孙立金　孙建明　张传波
　　　　李敬学　郭旭晖　龚　平　蒋金辉　张必武
　　　　高志亮　刘　好　王富华　张彦春　史　娣
　　　　沈宏山　王培峰　梅志山

本书编委会

主　编： 王忠合　邱文展　高志亮
副主编： 田　超　黄伟利　张彦春
参　编： 许　阳　张海龙　张必武　王富华　杜永新
　　　　　罗来前　张　鹏　王振刚　吴　芳　李　帅
　　　　　常永桦　余　平　王森荣　陈共贤　刘　斌
　　　　　金　城　朱　昆　刘　妤　周辉宇　李　潇
　　　　　卢少飞　符　珍　杨　波　朱小敏　许腾飞
　　　　　李修臣　袁国峰　徐　倩

序

杭州至黄山高速铁路（简称杭黄高铁）位于浙江省和安徽省境内，是国家高速铁路网的重要组成部分。线路东起杭州东站，经浙江萧山、富阳、桐庐、建德、淳安，穿越浙皖交界的天目山脉，进入安徽绩溪、歙县，西至黄山北站，正线全长287.5 km，设计时速250 km。

杭黄高铁的建设，构筑了串联名城（杭州）、名江（富春江）、名湖（千岛湖）、名山（黄山）的"黄金旅游高铁线"，带来了"高铁+旅游"经济增长新动能，提升了沿线区域经济发展的核心竞争力。杭黄高铁经沪杭、杭甬高铁直通上海、宁波等长三角地区，形成运力强大、便捷高效、节能环保的快速客运网，可大幅提高区域交通运输能力和服务水平，杭州至黄山间旅行时间缩短至1.5 h，比公路运输节省约一半时间，大大缩短了浙西、皖南与长三角地区的时空距离，惠及杭州、黄山及周边地区，对推动长三角一体化的高质量发展、促进沿线旅游资源开发和文化交流、推动区域经济协调发展具有重要意义。

历史久远的徽杭水道，是从徽州古城出发，由深渡古镇而东，沿着新安江、富春江直到"人间天堂"杭州。中铁第四勘察设计院集团有限公司的设计人员，自2009年就开始在徽杭水道周边大面积开展了方案研究工作，到2018年12月25日杭黄高铁全线开通运营，前后历经约十年时间。"十年磨一剑，砺得杭黄线"，设计和建设者为浙西皖南人民奉上了一条最美高铁旅游线，实现了"早上观黄山日出，晚上品西湖龙井"，悄然改变了千百年来杭州与黄山之间的时空格局。

杭黄高铁在设计、建设过程中，以"美丽杭黄、生态高铁"为建设总目标，贯彻"四季常绿、三季有花"的绿化设计理念，高标准建设铁路绿色通道。在探索"畅通融合、绿色温馨、经济艺术、智能便捷"的现代化铁路车站建设新理念过程中，充分融合了地域文化特色。按照"精品杭黄"的建设理念，精心设计、精心施工，在轨道工程、四电工程等方面，努力创新设计，改革施工工艺，解决了各类技术难题。杭黄高铁在铁路行业树立了"绿化、轨道、站房、四电、生产生活房屋、站区配套"六个标杆，并在开通后被国铁集团作为高铁建设的标杆项目，向全行业推广杭黄高铁在设计、建设、运营、竣工决算等全过程的经验。2019年9月，杭黄铁路有限公司获得全国绿化委员会授予的"全国绿化模范单位"荣誉称号。

在中国国家铁路集团有限公司和地方政府路地双方的通力协作下，"最美高铁"——杭黄高铁已建成通车，实现"名山胜水一线牵"，它是一条美丽风景线、区域协作线、富民发展线。在杭黄高铁开通运营以后，中铁第四勘察设计院集团有限公司立即组织技术力量，对杭黄高铁进行全面系统的总结，以此为基础，编写了这套"杭黄高铁创新设计丛书"，包括《印象杭黄》《生态杭黄》《人文杭黄》《科技杭黄》四册，期望通过通俗易懂的语言、图文并茂的形式，全面展示杭黄高铁在美丽印象、绿色生态、璀璨人文、创新科技等方面的设计与建设成果，力求对有志于从事高速铁路工程设计、建设及管理的人员有所帮助。

凌汉东

2021年10月

前　　言

2018年12月25日，杭黄高铁正式开通运营，它襟三江而带两湖，承载着久远而丰厚的历史文化，穿行于景色秀美、生态优良的浙西皖南大地，将杭州和黄山这两座城市紧密地连接起来，并且正在深刻地影响着杭州都市圈的融合协调发展和长三角地区更高质量一体化进程。

杭黄高铁是串联名城（杭州）、名江（富春江）、名湖（千岛湖）、名山（黄山）的世界级"黄金旅游高铁线"。坐上杭黄高铁，你将行进于绿色生态长廊之中，体味杭州"淡妆浓抹总相宜"的天堂意境；浮想"两江一湖"风景名胜区内的富阳奇山异水、天下独绝的富春山居美景、桐庐瑶琳仙境和芦茨"至慢"乡野新生活、建德梅城"双塔凌云"、淳安青山秀水千岛湖；穿过天目山隧道，你将体验粉墙黛瓦、鳞次栉比的徽派建筑；感受徽商故里绩溪的历史厚重；在五峰拱秀、六水回澜中，领略歙县徽州古城底蕴和新安江百里山水画廊，回味"黄山归来不看岳"的留恋。

面对杭黄高铁沿线至美的生态环境，回溯2008年12月国家明确提出新建杭州至黄山铁路，至2018年12月杭黄高铁开通运营，十年间杭黄高铁的设计和建设者们思绪万千、殚精竭虑，在如此至美的浙皖大地，提出"四季常绿、三季有花"的绿色设计理念，实现"美丽杭黄、生态高铁"的生态建设目标，杭黄高铁绿色通道工程设计成果纳入2019年5月中国铁路总公司发布的企业标准《铁路工程绿化设计和施工质量控制标准（南方地区）》（Q/CR 9526—2019），并在全路推广执行，2019年9月杭黄铁路有限公司获得"全国绿化模范单位"。为了不忘来时路、砥砺更前行，我们组织相关人员编写了《生态杭黄》。本书较系统、全面地展现了杭黄高铁的生态设计成果，以期对有志于此的读者有所启发。

杭黄高铁生态设计主要集中在三方面：一是如何实现杭黄高铁与沿线生态环境融合共生，尤其是在经过环境敏感区路段时；二是杭黄高铁建设、运营中如何最大限度地保护沿线的山水林田湖草；三是如何对杭黄高铁工程创面实施人工修复与自然恢复。本书深入浅出地阐述这三个方面内容，并期望以通俗易懂的语言、图文并茂的形式，带领广大读者走进高铁沿线生态环境。

本书编写过程中，中国铁路上海局集团有限公司和沿线车站、段、所在现场调查、资料收集、无人机航飞摄影和实景照片拍摄过程中给予了大力支持和协助；杭黄铁路有限公司原总经理王志平，工程部俞峰、韩浩、孙萌等同志提供了翔实的建设过程影像及管理资料；杭黄高铁各施工单位提供了大量的施工过程影像和文字资料；摄影师郭润滋、杨晓航、董海伟、焦山、梁力、罗春晓、周浩楠、虞明、万士华等提供了大量的精美图片资料；中铁第四勘察设计院集团有限公司的全国工程勘察设计大师王玉泽，原院总工程师朱丹，原院副总工程师何志工，宣传部陈泾宏、刘新红、欧巍，技术中心梅志山、黄鹰、柯宁，上海分院肖伟，浙江分院孙敬伟等领导和专家给予了悉心的指导和帮助。对以上各单位、各位领导和专家的大力支持、指导和帮助，在此一并表示最衷心的感谢！

本书读者对象包括铁路建设决策、铁路运输管理、铁路工程勘察设计、施工、监理、咨询以及政府机构与铁路生态环境、水土保持管理相关的工作人员。本书也可供科研单位、高等院校相关专业教学、科研人员和学生参考。

由于编者水平有限，不当之处在所难免，敬请读者批评指正。

编　者
2021 年 10 月

目 录

第一章 总 论

第一节 铁路与生态 2

第二节 杭黄高铁沿线生态环境特征 13

第三节 杭黄高铁生态建设概况 16

第二章 生态秀美、环境敏感

第一节 自然优渥、生态多样 24

第二节 青山秀水、环境敏感 37

第三章 选线选址、生态优先

第一节 选线与选址原则 76

第二节 环保选线 79

第三节 弃渣场选址 98

第四章　山水林田、生态保护

第一节　水满田畴稻叶齐，日光穿树晓烟低——土地资源保护纪实　104
第二节　青山不墨千秋画，绿水无弦万古琴——水资源保护纪实　108
第三节　孟夏草木长、绕屋树扶疏——林草资源保护纪实　121
第四节　其他资源保护　129

第五章　绿色通道、生态修复

第一节　绿色通道设计原则　134
第二节　车站依山傍水，一站一景　140
第三节　隧道穿峦越嶂，一洞一景　180
第四节　路基挖堑填堤，一处一景　191
第五节　桥梁衔路接隧，一桥一景　209
第六节　弃渣场水土保持防护与生态修复　216

第六章　总结与展望

一、美丽杭黄、生态高铁　224
二、流动风景、壮美画卷　225

杭黄高铁生态建设大事记　226
参考文献　231

第一章
总 论

　　绿水青山就是金山银山，在探索铁路建设高质量发展的道路上，保证铁路与生态环境和谐共生是铁路建设义不容辞的责任。杭黄高铁在设计、建设过程中以保护生态环境为己任，以"四季常绿、三季有花"为绿化设计理念，以"美丽杭黄、生态高铁"为生态建设目标，不断注入"绿色元素"，高速列车穿越浙西皖南山川河流，与沿线自然环境浑然一体，最大限度地降低对沿线生态环境的影响，用实际行动描绘出新时代铁路与生态环境和谐共生的美丽画面，让高速列车在蓝天碧水间加速奔向美好未来。

第一节 铁路与生态

一、铁路生态建设发展史

自1825年英国建成世界上第一条铁路以来，各国对铁路沿线生态建设的研究从未停止。从早期的普通绿化阶段到景观绿化阶段，再到生态廊道建设阶段，反映了人类对铁路沿线生态环境保护的重视程度逐渐上升。铁路生态建设发展史不仅是铁路与生态环境和谐共生的发展历程，而且是人类不断追求人与自然和谐共处的最好见证。

（一）初期绿化阶段

在早期铁路建设中，沿线绿化仅仅只是建设后期简单的收尾工程，特别是在我国铁路建设初期，这一现象十分明显。我国第一条铁路是1876年以英国怡和洋行为首的英国资本集团修建的吴淞铁路，比西方国家第一条铁路晚了51年。由于历史、政治、经济原因，我国早期铁路沿线绿化没有受到重视，建设时并没有考虑沿线绿化，反而更多的是对沿线林草等资源的破坏。后来，随着我国铁路建设的增多，开始注意到铁路沿线的绿化，但只是以简单的乔灌木搭配种植为主，主要考虑适应当地气候环境进行遮蔽阳光，保护铁路路基，或用于林业生产，注重沿线绿化的经济价值，在设计时没有将景观美学作为设计原则。20世纪初期，京奉铁路、营口铁路建设初期在铁路两侧栽种大量树木，后来，清政府下令在京奉铁路、京汉铁路、沪宁铁路、京张铁路沿线栽种榆树以解决铁路建设对枕木的需求。

由于早期铁路建设对沿线林木大量毁坏，京汉铁路、京奉铁路、京绥铁路等铁路经常受到洪水灾害影响。为挽救损失，保护铁路，政府下令在铁路沿线大量种植林木，设置林场，加大沿线林木种植程度，当时国民政府交通部与农商部共同制定《造林保路办法》，将铁路沿线林场作为主要林木生产地，并制定砍伐与更新计划，但由于时局动荡，这一办法并未得到有效实施。从我国第一条铁路建成到新中国成立初期，我国铁路沿线绿化主要以林业经济规划为主，同时起到保护铁路免受自然灾害影响的作用，我国早期铁路沿线绿化如图1-1-1所示。由于时局背景，这一时期，铁路沿线绿化主要处于普通绿化阶段，还未上升到景观绿化层次。

图1-1-1　我国早期铁路沿线绿化

（二）景观绿化阶段

相对来说，一些发达国家对铁路沿线景观绿化研究起步早于我国，他们注重把景观与美化作为铁路项目环境影响评价及后评估的重要内容，规定项目全生命周期中都必须严格遵守"景观至上"的原则，在铁路建设时注重生态性、美学性，平衡铁路建设与自然生态之间的关系，较早地完成了从普通绿化过渡到景观绿化，并取得了显著成效。如美国、英国等国家在铁路勘测、设计、建设、后期运营中，协调经济与自然的发展，经济与风景名胜区的保护等。法国、德国等国家在对铁路沿线景观规划时，根据实际情况规定具体指标和景观绿化投资在工程总投资中的比例。日本对铁路沿线景观环境研究一直处于世界前列，从1976年日本国土交通省制定《铁道绿化技术基础》指导铁路沿线景观绿化开始，不断加强对铁路沿线的景观绿化设计，这对日本的环境保护和生态廊道恢复起到了积极作用。

总体来看，发达国家在铁路发展初期比较重视景观绿化，最大限度地减少对沿线自然、人文景观的破环，同时又注重景观设计的美学性，一些早期铁路也因此被联合国教科文组织列为世界文化遗产，如奥地利赛梅林铁路、瑞士阿尔布拉铁路等。

我国铁路景观绿化虽然起步较晚，但随着新中国成立及我国铁路建设的蓬勃发展，我国铁路景观绿化在公路景观绿化研究的基础上不断突破，铁路沿线绿化设计取得了翻天覆地的变化，在防风防灾、保护路基方面起到了重要作用，还充分保护了沿线林木资源，满足视觉上对景观绿化的要求。京九铁路沿线景观绿化如图1-1-2所示。国家相关部门也逐渐开始重视铁路沿线景观环境保护，在1998年颁布《关于在全国范围内大力开展绿色通道工程建设的通知》，2000年颁布《国务院关于进一步推进全国绿色通道建设的通知》，明确要求提升道路两侧绿化质量。之后，铁路部门相继颁布《铁路绿色通道设计暂行规定》（铁建设函〔2004〕551号）、《铁路绿色通道建设实施指导意见》（铁建设函〔2007〕472号）、《关于进一步做好铁路绿色通道建设工作的通知》（建设〔2008〕27号）等一系列文件，推动了铁路沿线景观绿化的发展，促进铁路绿色通道建设。

图1-1-2　京九铁路沿线景观绿化

伴随铁路网、高铁网越织越密，新线绿色通道建设成果不断扩大。按照绿化工程与主体工程同步实施的要求，铁路积极开展绿色通道建设。铁路总公司颁布了《铁路工程绿色通道建设指南》（铁总建设〔2013〕94号）等行业标准，进一步规范和统一铁路绿色通道设计、施工、质量检验和验收等相关要求。随着风景园林与景观概念引入铁路景观绿化设计，铁路沿线两侧绿化环境的景观质量得到质的提升。

在国家政策的大力支持下，我国铁路景观绿化取得了一系列重要成果，如上海铁路局集团有限公司成功把上海到宁波铁路建成样板绿化工程。在郑州铁路局集团有限公司的万株造林工程竣工以后，北京到广州铁路沿线形成了高质量的绿化景观。2003年胶新铁路以景观生态学、生态经济学与可持续发展理论为支撑，改变传统铁路沿线绿化方式，采取多种绿化模式布局，将胶新铁路打造为一条大型优美绿色风景线，成为我国第一条"绿色"铁路。此后，国内主要铁路线基本完成了绿化，实现了绿化带的贯通。

（三）生态廊道建设阶段

2012年11月，党的十八大从新的历史起点出发，做出"大力推进生态文明建设"的战略决策，绘出生态文明建设的宏伟蓝图。铁路作为国家重要基础设施和国民经济大动脉，近年来得到飞速发展，而沿线生态环境问题成为制约铁路向安全化、智能化、舒适化方向发展的一大因素，从绿皮时代到高铁时代，中国铁路人一直在"绿色攻坚"上努力着，中国铁路生态建设从落后追赶，到领先超越，取得举世瞩目的成绩。

为了充分落实"绿水青山就是金山银山"的理念，我国铁路部门发挥行业优势，以"连起来、厚起来、茂起来、美起来"为目标，投入大量人力、物力、财力用于铁路沿线生态廊道建设，在铁路沿线两侧筑起一道绿色屏障。铁路人从呵护好一草一木，保护好一山一水入手，全力奋战"绿色攻坚"，取得了重要成果。如京沪高铁南京栖霞段绿化结合了生态文明建设概念及理论，从高铁生态廊道的功能及规划原则、高铁生态廊道宽度的设计、生态廊道景观植物的配置方式等方面出发，通过人为干预，使高铁周边形成"源于自然、高于自然"的稳定生态环境，实现集生态防护、景观展示、地区人文底蕴提升等为一体的生态建设体系。

杭黄高铁在工程设计与建设中，融入绿色发展理念，通过环保选线最大限度地绕避沿线风景名胜区；制定合理可行、自然和谐的生态环境保护方案，实现对沿线土地资源、水资源、林草资源的有效保护；绿化打破常规做法，注重与周围环境协调，调整绿化树种选择，形成了不同时间、不同空间的绿化组合，打造出层次分明、重点突出的生态廊道，同时也带动了沿线旅游资源的开发。杭黄高铁沿线生态廊道如图1-1-3所示。2018年12月，中国铁路总公司在杭黄高铁现场召开全国铁路建设质量现场会，并将杭黄高铁生态建设成果作为样板和标杆向全路推广。杭黄高铁在铁路行业树立了"绿化、轨道、站房、四电、生产生活房屋、站区配套"六个标杆，在开通后作为250 km/h高铁的全过程标杆，其中"绿化"作为六大标杆之一，向全路推广杭黄高铁规划、设计、建设、运营、竣工决算等全过程的经验，起到显著的示范作用。2019年5月，中国铁路总公司发布了《铁路工程绿化设计和施工质量控制标准（南方地区）》（Q/CR 9526—2019）。2019年8月，全国绿化委员会授予国铁集团所属的杭黄铁路有限公司等8个单位为"全国绿化模范单位"荣誉称号，这是绿化行业规格最高的奖项，是国家对绿化工作单位给予的最高荣誉。

图1-1-3　杭黄高铁沿线生态廊道

2019年7月，京雄高铁、京张高铁生态廊道建设专项现场调度会在雄县顺利召开，这两条高起点规划、高质量建设的高铁生态廊道进一步体现了中国铁路人对于铁路生态建设和绿色发展更加深入的探索。京雄、京张高铁生态廊道规划时统筹生态保护和修复，因形就势，科学搭配，建设立体多彩生态廊道；充分注重地域特色，结合当地气候、土壤等自然因素，精心选择彩色树种、常绿树种、经济树种和花灌木，实现树有高度、林有厚度，三季有花，四季常绿。同时，坚持生态林和经济林相结合，大力发展苗圃、花卉等种植业和林下经济，带动发展旅游、康养等第三产业，在铁路生态廊道建设的同时让周边的农民也能得到实惠，充分体现了"绿水青山就是金山银山"的思想，为打造高质量、高品质铁路生态廊道树立了典范。2020年11月，中国国家铁路集团有限公司发布了《铁路工程绿化设计和施工质量控制标准（北方地区）》（Q/CR 9527—2020）。

铁路生态廊道建设，大大超越了普通绿化和景观绿化层次，不只是为了生态防护，更重要的是整合铁路沿线自然资源，形成一条有机统一的绿色生态建设廊道。通过铁路人的努力和生态建设技术的发展，铁路生态建设逐渐实现生态防护、景观展示、彰显特色、带动第三产业四大功能并举，有利于实现"绿富双赢"，推动生态文明建设。

二、铁路建设对沿线生态环境的影响

铁路工程属线型工程，施工周期长，跨越空间大，土石方挖填工程量大，沿线取土场、弃渣场多，对沿线生态环境会产生较大影响。其对生态环境的影响在勘察设计、施工和运营期间有所不同，但主要以施工期间的影响最大，具体表现在对土地资源、水资源、林草资源、环境敏感区影响等方面。

（一）对土地资源影响

铁路工程施工时，在某种程度上需要占用土地，对土地资源会产生一定的影响，主要体现在工程占地性质和土地利用格局两个方面。

1. 工程占地性质影响

铁路工程用地分永久用地和临时用地两种类型，其中路基、桥梁、隧道、站场等主体工程占地为永久用地，取土场、弃渣场、施工生产生活区、施工便道等占地为临时用地。工程永久用地为铁路主体工程所占用，其原有土地功能的改变大多将贯穿于施工期及运营期；临时用地则在铁路工程施工完毕后归还地方使用，其功能的改变主要集中于施工期，施工完成后大部分土地可采取适当的措施，逐步恢复至原有功能。

2. 土地利用格局影响

铁路工程永久占地将使项目区内的部分农用地转变为建设用地，土地用途发生一定变化，铁路沿线一定范围内原有以耕地、林地、园林、草地、水域及水利设施用地为主的半自然生态景观将转变为以铁路运输为主体的人工景观。

（二）对水资源影响

铁路工程不可避免会跨越河流、湖泊等水域，工程建设中，土石方工程量大，施工机械和施工人员众多，这些都对沿线水资源构成潜在影响，对水资源的影响主要表现在以下几个方面：

1. 影响临近河流、湖泊水质

铁路工程施工开挖形成的开挖边坡，工程产生的松散土料，堆置在工程区周边，由于工程区汇水面积较大，水力侵蚀冲刷强烈，产生水土流失，可能增加工程临近河流、湖泊局部水体浑浊度，含沙量增大，如不及时采取防治措施，在水流的冲刷、侵蚀作用下，流入周边水体，将对临近局部水质产生影响。

2. 淤积河道，影响行洪安全

施工期水土流失剧烈，地表疏松，地表土壤侵蚀以面蚀、沟蚀等形式为主，大量泥沙以径流形式被搬运，淤积河道，可能影响到河流行洪等。

3. 施工期污水对水源保护区影响

工程建设对饮用水水源保护区的影响主要来源于施工过程中产生的生活污水和生产废水，主要包括施工人员生活污水、施工场地机械车辆冲洗水、桥梁施工废水及隧道施工排水等。生活污水经处理后一般排入附近农灌沟渠或当地排水系统，对当地水环境的影响相对较小。施工场地生产用水如不采用循环用水，则有大量废水产生，废水浑浊且泥沙含量较大。机械设备和运输车辆在维修养护时将产生冲洗废水，含泥沙量高，直接排放容易引起受纳沟渠的淤积。隧道施工过程中的废水多含悬浮物，且pH值偏高，直接排放会影响附近水资源。桥梁施工对水环境的影响主要集中在水中墩基础施工阶段，施工过程中对围堰吸泥清基封底、钻孔出渣设置专用船舶承接，运到岸上指定地点堆放，严禁向水体中抛弃，对地表水体水质影响较小。

（三）对林草资源影响

植被是生态环境中最重要、最敏感的自然要素，对生态系统变化及稳定起决定性作用。铁路工程建设在施工期和运营期对林草资源的影响有所区别，一般会造成一定范围内某些植被类型面积的减少，从而对项目内植被生物量和自然生态系统生产力带来一定影响。

1. 施工期对林草资源影响

（1）对植物类型的影响

铁路主体工程如路基、站场等永久占地内植被将永久性消失，临时工程如制梁场、拌和站、施工营地、施工场地等对植被的影响是暂时性的，可通过复垦措施恢复原有功能。

（2）对名木古树和珍稀保护植物资源的影响

铁路经过山区或自然保护区时，在线路一定范围内可能会存在珍稀保护植物、名木古树等，施工开挖、扬尘和过往车辆意外碰撞对其影响较大。通过线路优化调整，加强施工管理，禁止在珍稀保护植物、名木古树周边设置临时施工场地，严禁施工人员破坏等方式降低影响。

（3）对项目区生物量和生产力的影响

铁路工程对区域自然生态系统生产力及植被生物量的影响主要是由工程占地，特别是永久性占地引起。工程建成后造成各种拼块类型面积发生一定变化，从而导致区域自然生态系统生产力及植被生物量发生相应改变，对生态系统完整性产生一定影响。研究表明，工程建设对项目区的自然生产力将产生一定的负面影响，但这种影响甚微，工程对自然生态系统生产力的影响是能够承受的。

2. 运营期对林草资源影响

（1）森林边缘效应的影响

铁路建成后，永久占地内的林地植被将完全被破坏，取而代之的是路面及其辅助设施，形成建设用地。由于原来整片封闭的林地要留出一条带状空地，使森林群落产生林缘效应，从林地边缘向林内，光辐射、温度、湿度、风等因素都会发生改变，而这种小气候的变化会导致林地边缘的植物、动物和微生物等沿林缘到林内发生不同程度的变化。

（2）工程引起外来物种扩散影响

铁路工程的建设将破坏项目区内原有相对封闭的区域，随着工程人员进出，工程建筑材料及其车辆的进入，人们有意无意地将加速外来物种的扩散，在运营期，外来物种的种子可能由旅客或者货物携带，沿途传播。由于外来物种比当地物种能更好地适应和利用被干扰的环境，将导致当地生存的物种数量减少，本地植物逐渐衰退。

（四）对环境敏感区影响

铁路沿线环境敏感区主要包括沿线景观资源及文物古迹等。项目建设时容易对这些景观产生影响。

1. 对沿线风景名胜的景观影响

铁路建设项目沿线若分布有风景名胜区、森林公园、自然保护区等景观资源，项目施工期间容易对沿线景观资源局部植被、地形地貌等造成影响。同时，不同工程类型对视觉景观也会产生影响，如深挖路堑、高填路堤段砍伐林木，造成岩石裸露；若桥梁色调阴沉、桥形呆板，将对视觉造成巨大的冲击；取土场、弃渣场造成景观疤痕，产生视觉突兀等，都会对沿线自然风景造成视觉影响。但通过铁路用地范围内植被建设，使铁路植被系统逐渐与沿线风景名胜生态系统相互融合、总体协调，可以将影响降到最低。

2. 对文物资源影响

文物资源主要分为地上文物和地下文物，对于地上文物，铁路规划期间就会选择绕避，建设时对其影响较小。而对于地下文物，如果前期勘探不明，施工期间容易对其造成破坏，因此建设前期需要进行详细的地下文物勘探，并采取相应措施，避免对文物的影响。

三、铁路生态建设对铁路发展的促进作用

随着中国铁路的快速发展，对沿线生态建设的要求越来越高，铁路生态建设也越来越受到重视。加强铁路生态建设，在铁路沿线构筑起一道绿色屏障，有助于更好地保障铁路运输安全。对铁路沿线绿化融入景观美学、生态学及人文理念，打造铁路生态廊道，可以大大改善铁路沿线环境，实现铁路与自然和谐统一，使旅客感到安全舒适、心情愉悦，提升出行体验。同时，铁路生态建设深入贯彻绿色发展理念，可以有效推动铁路绿色发展，助力生态文明建设。

（一）构筑铁路绿色屏障，保障铁路运输安全

铁路是国家重大基础设施，是国民经济大动脉、重大民生工程和综合交通运输体系骨干，在经济社会发展中的地位和作用至关重要。因此，铁路路网的长治久安关系到社会稳定和民生大计，对保障铁路运输安全，铁路生态建设起了至关重要的作用。

加强铁路生态建设，通过科学合理的绿化设计，可以有效改善铁路沿线局部生态系统；对保护铁路用地内原有植被，防治水土流失，防范泥石流、风沙危害等自然灾害，确保铁路路基和边坡稳定，保护铁路沿线四电设备免受自然灾害的影响，保障铁路运输安全，具有不可替代的作用。此外，多彩立体、富有特色、与周围自然生态风景相协调的绿化景观，可以有效引导司乘人员的视觉，避免产生炫目，缓解旅途中的视觉疲劳，更好地为铁路行车安全提供有力保障。

铁路生态建设对铁路本身来说相当于构筑了一道绿色屏障，从多方位保障铁路运输安全，对完善铁路网结构，提高运输能力也有促进作用，对国家则是惠在眼前、利在长远的大事。

（二）改善铁路沿线景致，提升旅客出行体验

随着中国铁路从蒸汽机车到内燃机车，从普铁到高铁，从和谐号到复兴号的高速发展，铁路生态建设从普通绿化到景观绿化，再到铁路生态廊道，密集的铁路网与强大的运力构筑的不仅是一条条经济腾飞的发展之路，更是一条条可持续发展的绿色之路。在日新月异的新时代，人民群众对旅行生活有了更美好的期盼和要求，已经由过去的"走得了"，转变为"走得好"。

加强铁路生态建设，就是加强铁路沿线绿化美学布局，改善铁路沿线景致，使广大旅客在风驰电掣间，让祖国的壮丽山河、秀美风光、沿途绿化景观尽收眼底。如京张高铁、京雄高铁按照"近景看花海、远景看森林""林窗补绿、林冠添彩"的思路，对两侧绿化统一布局、统一规划、统一标准，通过因形就势、科学搭配，实现了三季有花、四季常绿。杭黄高铁以"美丽杭黄、生态高铁"为生态建设目标，实现了车站"一站一景"，隧道"一洞一景"，路基"一处一景"，桥梁"一桥一景"，充分体现杭黄特色和当地风貌。同时，铁路沿线绿化可以降低列车行驶过程中产生的噪声影响，使铁路和沿线自然环境更加协调美观，让旅客乘车时感到心情舒适，幸福感倍增，出行体验更美好。

（三）推动铁路绿色发展，助力生态文明建设

随着绿色发展理念的不断深入，铁路部门密集出台了一系列政策措施，推动铁路生态建设进入巩固深化的快车道。铁路作为国民经济大动脉，在现代综合交通运输体系中，具有绿色骨干优势。加强铁路生态建设，是推动铁路绿色发展，助力生态文明建设的重要途径。

生态杭黄

近年来,铁路部门着力强化铁路生态建设,践行环保选线选址理念,强化生态环保设计,优先绕避生态敏感区、脆弱区等,最大限度地降低铁路建设对沿线生态环境的影响。依法落实生态保护和水土保持措施,推进铁路绿化工作,加强铁路生态廊道建设。牢固树立生态优先、绿色发展的导向,从源头预防,从根本治理,从制度发力,推动铁路绿色发展。

据统计,截至2020年底,全国铁路绿化里程达53 826 km,同比增长4.87%,铁路线路绿化率达87.25%;现存乔木16 183万株,灌木66 288万穴。由这些数据可以看出铁路部门在推进铁路生态建设中成效显著。一条条绿色通道,不仅是带动沿线经济发展的黄金通道,更是铁路坚持绿色发展理念,为建设美丽中国交出的一张张美丽答卷。铁路生态建设不仅仅保障了铁路运输安全,提升了旅客出行体验,也推进了生态文明建设。

第二节 杭黄高铁沿线生态环境特征

杭黄高铁东起浙江杭州市，经杭州市萧山区、富阳区、桐庐县、建德市、淳安县，穿越皖浙交界的天目山脉进入安徽省，经宣城市绩溪县和黄山市歙县、徽州区至黄山市，正线全长287.5 km。全线设置杭州东、杭州南、富阳、桐庐、建德、千岛湖、三阳、绩溪北、歙县北、黄山北10座车站，设计速度250 km/h。杭黄高铁是长三角地区城际铁路网的延伸，沿途将名城（杭州）、名江（富春江）、名湖（千岛湖）、名山（黄山）串成一条世界级生态文化旅游高铁。沿线生态环境质量优良，水资源、林草资源十分丰富，生物多样性较高，同时环境敏感点分布也较多。

一、水资源丰富

杭黄高铁沿线地表水和地下水十分丰富。地表水主要以钱塘江水系为主，钱塘江上游称新安江，新安江发源于安徽黄山，经淳安县，流至建德市；往东，经桐庐，流入富阳区境内，称富春江；再往东，到了萧山区的闻家堰，称钱塘江，最后注入东海。沿线主要支流有兰江、分水江、浦阳江等。此外，杭黄高铁还经过千岛湖风景区，千岛湖是新安江水电站建成蓄水后形成的人工湖。

除了丰富的地表水以外，杭黄高铁沿线拥有丰富的地下水资源。沿线地下水主要为第四系孔隙水、基岩裂隙水和岩溶水。第四系孔隙水主要包括河流及其阶地第四系孔隙水和丘陵低山区第四系孔隙水，大多数属于孔隙潜水，水量丰富。基岩裂隙水主要包括风化裂隙水、层间裂隙水和构造裂隙水，其中构造裂隙水水量丰富。在阶地、谷地等覆盖性岩溶段落，岩溶水十分丰富。丰富的水资源为杭黄高铁生态建设提供了良好的条件，但铁路建设时也要加强对沿线水资源的监测和保护，使影响降到最小。

二、林草资源丰富

杭黄高铁沿线所经区域森林覆盖率很高，且杭黄高铁沿线分布西湖、西溪湿地、千岛湖、绩溪龙川、古徽州文化旅游区、黄山和西递宏村7个5A级景区，56个4A级景区，14个国家级森林公园。杭黄高铁沿线区域在植被区划上隶属于中国3大植被区域中的中国东部湿润森林区，植被属中亚热带阔叶林带，跨浙西、皖南山丘，栲类、细柄蕈树林区，浙皖山地丘陵常绿槠类、半常绿栎类阔叶林区等，受人工造林活动和农业开发活动的影响，低山丘陵区以人工次生林和经济林为主，主要为马尾松林、杉木林等用材林和柑橘、茶、山核桃、板栗等经济林；在自然保护区、风景名胜区、森林公园等自然地貌保护较好的区域，存在一定面积的原生植被，主要有甜槠林、丝栗栲林、青冈林等次生性常绿阔叶林；在冲海积平原区和河流一级阶地，主要为农田和城镇绿化植被；线路跨越的富春江两侧分布有一定面积的意杨防护林。

从总体来看，杭黄高铁沿线森林覆盖率较高，为杭黄高铁构筑起了一道天然生态屏障和绿色长廊，使杭黄高铁具有"中国最美高铁线路"之称，但也给杭黄高铁在线路设计、建造过程中的生态保护带来了重大挑战。因此，在铁路建设时，应始终贯彻生态环保理念，最大限度地降低对林草资源的影响。

三、生物多样性较高

杭黄高铁沿线共有种子植物148科575属1 804种，分别占全国植物总科数的49.17%，总属数的19.33%，总种数的7.13%，其中裸子植物8科23属109种，被子植物140科552属1 695种（其中：单子叶植物25科138属294种，双子叶植物115科414属1 401种）。沿线动物资源分布两栖动物2目6科19种，爬行类3目8科29种，鸟类13目30科89种，兽类7目13科28种。沿线水生生物资源包括浮游植物7门37种，浮游动物51种，底栖动物18种，鱼类7目12科82种。杭黄高铁沿线生物多样性较高，在铁路建设过程中，要加强沿线生态建设，保护各生物物种栖息地，减少对沿线生物多样性造成的损害。

四、环境敏感区多

杭黄高铁沿线分布环境敏感区较多，包括国家级自然保护区3处，国家和省级风景名胜区 3 处，国家和省级森林公园 14 处，饮用水水源保护区 6 处，文物保护单位 10 处，历史文化名村镇 6 处，5A 级风景区有 7 处，4A 级风景区有 56 处，此外，沿线还有较多名木古树。在铁路建设时应制定合理可行、自然和谐的建设方案，尽量绕避沿线自然保护区、风景名胜区、饮用水水源保护区等重要环境敏感区，保护沿线自然生态环境，为实现"美丽杭黄、生态高铁"生态建设目标打下坚实基础。

第三节　杭黄高铁生态建设概况

杭黄高铁沿线水资源、林草资源丰富，生物多样性高，环境敏感区多，通过"优先避让、重在保护、实现共赢"的环保选线与选址，最大限度地绕避了沿线生态敏感区；通过"预防为主、保护优先、综合治理"的生态环境保护，实现对沿线自然生态的有效保护；通过"四季常绿、三季有花"的绿色通道建设，实现沿线景观与自然协调，打造了一条铁路生态廊道，使高铁与自然和谐共生。

一、"优先避让、重在保护、实现共赢"的环保选线与选址

杭黄高铁环保选线与选址以"优先避让、重在保护、实现共赢"为总体设计原则，以绕避自然保护区、风景名胜区、水源保护区等环境敏感区域为前提，以节约利用土地资源，保护生态环境，防治环境污染为重点，深度整合沿线地区旅游资源，最大限度靠近风景名胜，最小程度产生生态影响，最强力度实施生态修复。

杭黄高铁设计者们历时 6 年，沿线踏勘测量 1 500 km，最终确定一条生态环保线路。杭黄高铁沿线分布西湖、西溪湿地、千岛湖、绩溪龙川、古徽州文化旅游区、黄山和西递宏村 7 个 5A 级景区，56 个 4A 级景区，14 个国家级森林公园，这些景区对环保要求非常严格。杭黄高铁建设不仅最大力度保护环境，而且最大限度将这些景区串联起来。设计团队先将起终点之间大致走向方案确定下来，再对局部线路进行比较和优化。整个选线过程中，最难的环保选线路段是经过千岛湖地区的线路方案设计。杭黄高铁走向并非一条直线，而是一条"之"字形的折线。这种走向和增加线路长度，主要是为了实现高铁旅游功能，只有经过千岛湖地区，杭黄高铁才能到达富春江、新安江和千岛湖景区，成为一条串起名城（杭州）、名江（富春江）、名湖（千岛湖）、名山（黄山）的世界级黄金旅游线。

通过环境保护分析比较，确定了杭黄高铁浙江省内线路总体走向经杭州、富阳、桐庐、建德、淳安的南线方案，串联起"富春江—新安江—千岛湖风景名胜区"的旅游带。高铁线路方案经环保选线综合优化后，绕避了安徽清凉峰国家级自然保护区、大奇山国家森林公园、棠樾牌坊群等20处重要生态敏感目标（自然保护区1处，森林公园5处，文物保护单位9处，历史文化名村、镇5处）。

通过环保选线，工程在淳安、建德路段基本绕避了风景区范围，而"富春江—新安江—千岛湖风景名胜区"因面积广，呈东西带状分布的特点，使得杭黄高铁在富阳、桐庐、建德、淳安设置车站时难以避开，综合考虑环境影响后，选择了与城市规划相协调、对生态环境影响较小的富阳及桐庐江南设站方案，并通过局部线路方案的优化调整，使得线位均不穿越风景名胜区核心保护区，进一步减小对"两江一湖"风景名胜区的环境影响。

在勘察设计阶段，严格执行弃渣场选址原则，对涉及环境敏感区保护范围的3处弃渣场位置进行了优化调整，从设计源头就杜绝弃渣对风景区产生影响；对下游存在公共设施、基础设施、工业企业和居民点等具有重大影响的4处弃渣场进行了优化选址，从设计源头就杜绝弃渣产生安全风险。杭黄高铁贯彻弃渣综合利用理念，利用率高达79%，从而弃渣场减少84处，堆渣面积减少308 hm^2，进一步降低对铁路沿线环境的生态影响，从源头控制水土流失危害，是保持水土、资源化利用、节约投资的新突破。

二、"预防为主、保护优先、综合治理"的生态环境保护

高速铁路工程建设路基、桥梁、隧道、车站、弃渣场、施工场地、施工便道等，不可避免地会影响铁路沿线生态环境。杭黄高铁属钱塘江水系，沿线土壤类型较多，动植物资源丰富，线路穿越"两江一湖"风景名胜区外围保护地带、森林公园、文物保护单位等特殊保护目标较多。为适应生态文明建设发展的要求，杭黄高铁生态环境保护设计本着"预防为主、保护优先、综合治理"理念，严格控制征地范围，减少地表扰动面积，分析项目施工对生态环境的影响，通过一系列生态环境保护和防治措施，最大限度降低对土地、林草、水域、文物等资源的影响程度，维护高铁沿线生态系统平衡。

（一）土地资源保护

农田分布路段大量采用以桥代路、永临结合、合理调配土石方平衡等一系列措施，从源头上减少对耕地的占用；弃渣场选择荒地及废弃坑塘堆放，避免占用良田；制梁场、铺轨基地、轨枕板厂、材料厂、拌和站等大临设施选址在满足施工组织要求的前提下，尽量选择荒地或未利用地；工程临时用地均复耕复绿。

（二）水资源保护

饮用水水源保护路段依法合规履行行政许可手续，严格落实行政主管部门意见及要求，强化施工组织和施工期环保措施设计，加强环境管理和环境监理，采用先进的施工方法，落实施工期环保措施，预防施工对水源水质的影响。水资源一般路段通过逢河设桥、逢沟设涵，切实维护既有水利设施功能，降低对水资源的影响。

（三）林草资源保护

工程以全隧道形式穿越石牛山省级森林公园，隧道设计采用"防、排、堵、截结合，因地制宜，综合治理"的设计原则，对于隧道穿过断裂带，根据实际情况采用"以堵为主，限量排放"的原则，达到堵水有效、防水可靠、经济合理的目的。为预防隧道施工渗水对水体的影响，采用超前预注浆或开挖后径向注浆等措施对地下水进行截堵；为缓解工程建设对森林公园的影响，严禁在森林公园范围内设置施工便道、弃渣场等临时设施，采取斜切式环保洞门，完工后对隧道口采取植被恢复措施。杭黄高铁通过移植、就地保护、优化施工方式等手段，对沿线古树名木进行保护，确保高铁与林草资源和谐共生。

（四）文物资源保护

杭黄高铁仅涉及下冯塘遗址一处文物保护单位。开工前建设单位按照地下文物管理程序，委托具有相应资质的单位进行考古调查、勘探，根据调查、勘探结果采取切实可行的文物保护措施，并制定必要的施工期文物保护方案。

三、"四季常绿、三季有花"的绿色通道建设

杭黄高铁坚持"绿水青山就是金山银山"的绿色发展理念，遵循"四季常绿、

三季有花"的绿化设计理念，以"美丽杭黄、生态高铁"为生态建设目标，超前谋划，典型引路，多措并举，优选树草种，针对不同工程分区，制定相适宜的绿化设计方案，实现了"一站一景""一洞一景""一处一景""一桥一景"，充分体现了杭黄高铁沿线特色和当地风貌，以点带面，合理布局，为旅客提供"车在画中行，人在景中游"的出行体验。

通过开展先导性试验，将高杆红叶石楠、高杆大叶女贞等适生树种应用于南方地区高速铁路绿色通道工程设计。弃渣防护践行"来时青山绿水，走时绿水青山"的生态建设新思路，弃渣场遵循"先拦后弃"的设计理念，全部复垦复绿，确保杭黄高铁生态建设与沿线生态环境相协调相适应。

（一）车站"一站一景"

杭黄高铁车站绿化设计根据沿线的地域环境、旅游资源、文化特色、环境保护等特点，结合车站绿化的生态性、功能性、观赏性等特征，把沿线车站站区、工区全部作为重点绿化地段进行专项绿化设计，在空间较大区域进行园林造景，选用具有一定造型的植物进行组团和小品，形成"上乔、中灌、下花草"的立体绿化格局，达到"一站一景"绿化效果。

（二）隧道"一洞一景"

杭黄高铁隧道洞口绿化考虑洞门视角的聚焦性和连续性，将隧道进出口与连接隧道的路基段进行整体设计。考虑铁路隧道洞门仰坡和周边山体自然景观的融合，实现隧道边仰坡的色彩层次感与立体感。重点绿化地段隧道洞门绿化按"一洞一景"进行设计，一般绿化地段隧道洞门绿化主要以生态修复、防治水土流失为主进行设计。

（三）路基"一处一景"

杭黄高铁路基绿化考虑边坡稳定、行车安全、易于管护以及绿色廊道建设的连续性和整体性，按照"内灌外乔、灌草结合"布置。绿化设计前划分重点绿化与一般绿化地段，重点绿化地段按照行车方向将坡面划为若干部分，视坡面高度采用分层布置，选用常绿小灌木进行间隔色带搭配，植物色彩配置上兼顾乘客视觉感受与铁路周边自然景观的融合与统一，达到"一处一景"绿化效果。一般绿化地段采用满铺小灌木或撒播草籽的常规绿化。

（四）桥梁"一桥一景"

杭黄高铁桥下绿化重点考虑铁路绿色廊道的连续性，实现铁路与周边山峦、河流、湖泊、公路、村庄等环境相协调统一。划分重点绿化与一般绿化地段，从而进行分类绿化，绿化树种多采用耐阴植物。重点绿化地段采用观赏性灌木与乔木搭配布置，桥下内侧播撒花草籽，达到"一桥一景"绿化效果。一般绿化地段桥下内侧宜以植草为主，两侧种植普通常绿灌木。

（五）弃渣场生态修复

杭黄高铁弃渣场水土保持防护及生态修复践行"来时青山绿水、走时绿水青山"的生态理念，严格执行"一场一图"的相关要求，遵循"先拦后弃"的水土保持理念，布设工程措施与植物相结合的水土保持综合防治体系。

重点绿化地段的弃渣场，除了布设常规的拦挡、排水、沉沙、边坡防护、撒播草籽绿化等水土保持综合防治措施外，精选绿化树种，局部园林造景，达到与周边环境相协调目的。一般绿化地段的弃渣场，布设常规的拦挡、排水、沉沙、边坡防护、撒播草籽绿化等水土保持综合防治措施体系，既恢复了场地绿化植被，也节约了工程建设成本。

第三节 杭黄高铁生态建设概况

第 二 章

生态秀美、环境敏感

　　杭州至黄山高速铁路位于浙西皖南地区，沿线地形地貌复杂多样，气候温和、四季分明、日照充足、雨量充沛、河流水系发达、动植物资源丰富。杭黄高铁沿线风景名胜区、自然保护区、森林公园等环境敏感目标众多，5A级风景区有7个，4A级风景区有56个，是一条名副其实的世界级黄金旅游线，被誉为"最美高铁"。

第一节　自然优渥、生态多样

杭州至黄山高速铁路位于浙西皖南地区，东起浙江省杭州市，西至安徽省黄山市，沿线地貌形态为冲海积平原、河流阶地、中低山区、丘陵区。项目区属亚热带湿润季风气候，四季分明，雨量充沛。沿线水系属于钱塘江水系，上游称新安江，中游称富春江；下游称钱塘江，最后注入东海。千岛湖即新安江水库，是新安江水电站建成蓄水后形成的人工湖。沿线植被属中亚热带常绿阔叶林带，动植物资源丰富，生态系统多样。

一、地形地貌

杭黄高铁东起浙江省杭州市，西至安徽省黄山市，依次经过杭州市萧山区、富阳区、桐庐县、建德市、淳安县，安徽省宣城市绩溪县、黄山市歙县、徽州区。沿线地貌形态为冲海积平原、河流阶地、中低山区、丘陵区。冲海积平原主要分布于杭州市附近，属于浙北平原南部，地形平缓开阔，地面标高一般为 6 m 左右，沟渠、道路交错。河流阶地具有典型的山区河流特点，阶地呈狭窄条带状，阶地地面标高变化较大，与河流在山区、丘陵区发育的部位相关。中低山区位于浙江、安徽两省交界处，属于天目山山脉，相对高差 200～1 000 m，沟谷深切、地形陡峻，系长江水系与钱塘江水系的分水岭。丘陵区位于中低山坡麓地带，地形起伏、地面坡度较缓，一般 15°～45°。全线地形总趋势西高东低，相对高差 1 280 m，冲海积平原地貌如图 2-1-1 所示，河流阶地地貌如图 2-1-2 所示，低山丘陵地貌如图 2-1-3 所示。

图 2-1-1 冲海积平原地貌

图 2-1-2 河流阶地地貌

图 2-1-3 低山丘陵地貌

二、地　质

（一）工程地质

1. 地层岩性

沿线从元古界到新生界第四系地层均有出露，期间发生过多期岩浆岩侵入。元古界岩性主要为板岩、变质砂岩、千枚岩等变质岩，多分布于绩溪附近；震旦系岩性为砾岩、凝灰岩、凝灰质砂岩、硅质岩、流纹岩等，临岐—绩溪分布较广；寒武系岩性多以碳酸盐岩为主，夹页岩、泥岩等，主要分布于桐庐、临岐至杞梓里一带；奥陶系岩性以碎屑岩为主，局部夹碳酸盐岩，主要分布于场口至建德、淳安、绩溪至临溪一带；志留系、泥盆系均为碎屑岩，主要分布于建德至文昌一带；石炭系至三叠系岩性多以碳酸盐岩为主，夹砂页岩，主要在建德附近零星出露；侏罗系岩性以碎屑岩及火山碎屑岩为主，主要分布于萧山至场口、淳安一带；白垩至第三系均为红色碎屑岩，广泛分布于绩溪至休宁等红色断陷盆地；区内燕山期多次岩浆侵入，岩性主要为花岗岩、花岗斑岩、闪长岩等，全线零星分布。第四系各类成因的松散堆积物广布全线，以平原、河谷阶地、谷地、盆地地带较为集中，厚度变化大。

2. 地质构造

杭州至黄山铁路所经地区大地构造属扬子准地台地块，经历了加里东、印支和燕山等多期构造运动，沿线可划分为浙西北晋宁构造层、皖浙陷褶断带及皖南陷褶断带三个分区。区内构造作用强烈，形成一系列线形、紧密、同斜倒转褶皱及逆冲和斜冲断层，并伴随有较强烈的岩浆活动。断层、褶皱构造走向基本以NE向为主，铁路在建德至绩溪之间基本上与绝大多数断层、褶皱的走向呈大角度相交；在杭州至建德、绩溪至黄山两段与断层、褶皱走向基本上平行或小角度相交。沿线主要褶皱及深大断裂有：华埠—新登复式向斜、龙源村—印渚埠复式背斜、鲁村—麻东埠复式向斜、绩溪复背斜；球川—萧山深断裂、开化—淳安大断裂、马金—乌镇深断裂、休宁深断裂、绩溪深断裂、虎岭关—月潭深断裂。

（二）水文地质

地表水为各河流、冲沟以及新安江水库蓄水，流量与水位受季节、人工控制，径流方向以天目山为分水岭，天目山以北流入长江水系，以南流入钱塘江水系。沿线地下水类型主要为第四系松散岩类孔隙水、基岩裂隙水和岩溶水。河流及其阶地第四系孔隙水，大多数属于孔隙潜水，水量丰富，丘陵低山区第四系孔隙水一般不发育。基岩裂隙水一般不发育，构造裂隙水发育，线路穿越4个复式褶皱带5条深大断裂带及伴生的众多次级断层，使得铁路沿线具有众多的储水构造，其裂隙水水量丰富。在阶地、谷地等覆盖性岩溶段落，岩溶水十分丰富，丘坡地段，岩溶泉眼多在坡脚或隔水界面出露，地下水位埋藏较深。

三、气　象

（一）杭州市

杭州市地处亚热带湿润地区的北缘，属亚热带湿润季风气候，季风活动频繁，四季分明，雨量充沛，光照充足，无霜期长。夏季多东南风，气温高，光照强，空气湿润；春秋两季气旋活动频繁，冷暖变化大。春季及初夏多风雨，夏秋之际多台风，季风环流的方向与主要山脉走向基本正交，山脉起着阻滞北方寒流和台风的作用。由于受季风气候的影响，天气多变，降水年际变化大，年内梅雨显著，夏雨集中，常有灾害气候发生，如寒潮、雾、梅雨、台风、春秋季低温、干旱等。

1. 气温：年平均气温15.3 ℃～17.0 ℃，最冷月（1月）平均气温3.0 ℃～5.0 ℃，最热月（7月）平均气温27.4 ℃～28.9 ℃，极端最高气温42.1 ℃（1930年8月10日），极端最低气温−20.2 ℃（1967年1月16日），冬季土层冻结深度为20～30 cm，冬季最大积雪厚度23 cm（1997年），年平均结冰日数为39.5天。

2. 降水量：年平均降水量1 100～1 600 mm，年最大降雨量2 356.1 mm（1954年），年最小降雨量954.6 mm（1967年），降水以春雨、梅雨（4～6月）、台风（7～9月）为主，月最大降雨量为514.9 mm（1954年5月）。

3. 湿度：年相对湿度80%左右，月平均相对湿度以夏季最大，冬季最小，总的来说各地相对湿度变化都不大。

4. 风速及风向：7～8月份杭州市常受太平洋台风影响，带来狂风暴雨，台风袭击本流域每年约2～3次。年平均风速1.1～2.7 m/s，实测最大风速28 m/s（1967年8月），风向为ESE，春季及冬季多北风，汛期多东南风，最大台风达12级，风速34 m/s。

5. 日照：年平均日照时间为1 800～2 100 h，平均年日照百分率为41%～48%，每年7、8月份，日照时数在220 h以上，冬季一般在120～150 h以下。

6. 其他：年平均蒸发量 1 150～1 400 mm，无霜期 230～260 天，气温 ≥10 ℃积温 4 700 ℃～5 700 ℃。

（二）宣城市

宣城市属亚热带湿润季风气候区，四季分明、气候温和、年温差大、雨量适中、日照充足、无霜期长、偏东风多。由于受季风气候的影响，冷暖气团交锋频繁，天气多变，降水年际变化大，年内梅雨显著，夏雨集中，常有灾害气候发生。

1. 气温：年平均气温 15.7 ℃，最冷月平均最低气温 -0.4 ℃，极端最低气温 -3.4 ℃，最热月平均最高气温 33.5 ℃，极端最高气温 36.5 ℃，历史最高气温 41.2 ℃，最低气温 -15.4 ℃。

2. 降水量：年平均降水量 1 515.3 mm，地理分布呈南多北少，山区多，平原少的特点。年最大雨量 2 308.2 mm，年最小雨量 695.0 mm。降雨集中在每年 5 月至 10 月，6 月最多。

3. 湿度：年相对湿度 75% 左右，最小相对湿度 6%。

4. 风速及风向：历史上最大瞬时风速 23 m/s，风向为 NWN。

5. 其他：年蒸发总量为 1 350.2 mm，地表温度 17.9 ℃，平均雷暴日数为 44.7 天，最大积雪深度为 20 cm。无霜期年平均 228 天，最长达 242 天，最短为 224 天。年平均日照时数 1 784.1 h，0 ℃以上持续期 355 天。

（三）黄山市

黄山市属亚热带湿润季风气候，气候温和，雨量丰沛，季风明显。

1. 气温：年平均气温 15.9 ℃，极端最高气温 41.5 ℃，极端最低气温 -13.6 ℃。

2. 降水量：年最大降水量 2 308.2 mm，年最小降水量 987.7 m，年平均降水量 1 630.3 mm，年最大日降水量 252.9 mm。

3. 湿度：年平均相对湿度 76%，年最小相对湿度 5%。

4. 风速及风向：年平均风速 1.9 m/s，实测最大风速 16.3 m/s（1983 年 8 月 6 日，NE），五十年一遇离地十米十分钟平均最大风速及相应基本风压 12.5 m/s，年主导风向 NE。

5. 气压：年平均气压 994.5 hPa。

6. 其他：年平均大风日数 3.7 天，年平均雷暴日数 48.6 天，年平均雾日数 10.9 天，最大积雪深度 21 cm。

四、河流水系

本工程所跨浙江省、安徽省两省水系属于钱塘江水系。钱塘江上游称新安江，新安江发源于安徽黄山，经淳安县，流至建德市；往东经桐庐流入富阳区境内，称富春江；再往东，到了萧山区的闻家堰，称钱塘江，最后注入东海。钱塘江河道曲折，上游为山溪性河道，束放相间；中游为丘陵；下游江口外呈喇叭形状，江口逐渐展宽。沿线主要支流有兰江、分水江、浦阳江。杭黄高铁沿线水系如图2-1-4所示。

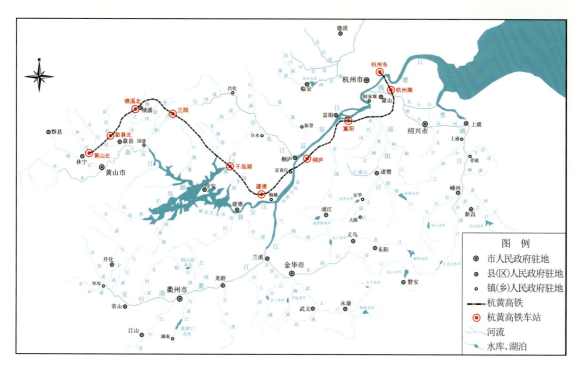

图 2-1-4 杭黄高铁沿线水系图

（一）新安江

新安江源出安徽省黄山西南麓。西南流经歙县、休宁二县，在黄山市临溪镇汇合率水之后始名新安江。曲折东南流折向东流。经安徽省南部边界、浙江省淳安等县境，穿行新安江水库，经建德市城西南，在梅城镇东汇合兰江水系后，东流称富春江。干流全长 261 km，流域面积 11 772 km²。安徽省境多年平均流量 166 m³/s，总自然落差 1 240 m。主要支流有寿昌江、东源江、丰乐河、武强溪、昌溪、休宁河等。新安江属山溪性常年河，含沙量少，清澈见底。新安江水电站未建前，河床比降大，沿江多峡谷险滩。电站建成后，紫金滩以下形成一个面积为 580 km² 的新安江水库（又称千岛湖）。新安江水电站建成后，新安江水库回水已达洋溪。梅城水位稳定在 22～23.5 m 之间，紫金滩以下的急流也消失。洪水受新安江水电站调蓄控制，最大流量为 13 200 m³/s。新安江如图 2-1-5 所示。

图 2-1-5　新安江

（二）富春江

富春江是浙江省中部河流，为钱塘江建德市梅城镇下至萧山区闻家堰段的别称，全长 110 km，流贯浙江省桐庐、富阳两县区，富春江一带昔有"小三峡"之称。桐庐县境内河段称桐江。富春江富阳段全长 52 km，两岸群山连绵，江中沙洲点点，景色宜人，自古有"天下佳山水、古今推富春"之美誉。从上至下，江中分布了桐洲岛、王洲岛、中沙岛、新沙岛、月亮岛、东洲岛、五丰岛等 10 多个大小岛屿、沙洲。富春江河宽 500～1 000 m，比降小，水流平稳，多沙洲，且受潮汐影响。沿途有绿渚江、壶源江、大源溪等支流汇入。富春江如图 2-1-6 所示。

（三）兰　江

兰江古名兰溪、瀔（hú）水，钱塘江支流，是钱塘江干流从兰溪市至建德市间的名称，上游两水汇合于兰溪市西南的兰阴山下，因岩多兰茞，故名兰溪。水文上一般将其上游自马金溪、常山港、衢江、兰江统称为兰江。上游马金溪源出安徽省休宁县南部青芝埭尖北坡，至衢州市双港口纳江山港称常山港，衢州市

图 2-1-6 富春江

至兰溪称衢江，沿途接纳乌溪江、芝溪、灵山港等溪流，至兰溪与金华江汇合后称兰江，自南向北流，至三河埠进入建德市，向北流经三河、麻车、大洋、洋尾、三都等乡镇，出金衢盆地，在梅城东关与新安江汇合。从源头至梅城，河长300 km，兰江流域面积19 350 km²，河宽250～350 m，水深流缓。兰江水资源十分丰富，年平均径流量达172.8 亿 m³。

（四）分水江

分水江古名桐溪、学溪，别名天目溪，是中国东海独流入海河流钱塘江干流富春江上最大的支流。上游为临安区昌化溪和天目溪，一般以昌化溪为正源。源出安徽省绩溪县荆州乡的山云岭，东北流入浙江省临安区，经新桥至汤家湾称昌北溪，折向东南流经鱼跳至龙岗，主河道折向南流称旦溪，南汇颊口溪。右纳昌西溪后称昌化溪，经昌化镇至河桥，右纳昌南溪，至紫溪，左纳天目溪后称分水江，继续东南流入桐庐县境内，至印渚右纳后溪，至分水下游2 km右纳前溪，经华浦、横村至桐庐县城北注入富春江。干流全长174 km，总流域面积3 430 km²，其中安徽省境长11.6 km，浙江境内长164.2 km。年平均径流量31.3 亿 m³，分水水文站年平均流量79 m³/s，青山殿站年平均流量45.8 m³/s。

(五)浦阳江

浦阳江又称浣江,源出自浦江县大园湾,流经诸暨市城区,在萧山区闻家堰附近注入钱塘江,全长50 km,流域面积3 431 km²。多年平均年径流量24.6亿m³。上游河宽22～75 m,下游河宽80～120 m,主要支流有大陈江、开化江、枫桥江等。上游建有安华、青山、石壁等中小水库1 037座,总库容3.1亿m³;中游建有高湖分洪闸;下游截弯取直,开挖新河,灌溉面积153 km²。

(六)千岛湖

千岛湖即新安江水库,是新安江水电站建成蓄水后形成的人工湖。新安江是钱塘江的正源。它发源于安徽省休宁县西部,经黄山入歙县,过深渡至黄江潭入淳安县。1959年9月,新安江水库建成,海拔108 m以下皆为水域。水库从四面八方接纳了近千条河流和山涧,集水区域达10 442 km²,水域面积573 km²,平均水深34 m,库容量178.4亿m³。坝址在七里垅峡口故又称七里垅水电站。上距新安江水电站约60 km,下距杭州市110 km多。地理位置优越,又有新安江水库进行调节,两电站联合运行,为华东电网提供了大量的电力。控制流域面积31 300 km²,年平均流量1 000 m³/s,设计洪水流量23 100 m³/s,总库容8.74亿m³,设计灌溉面积40 km²。装机容量29.72万kW。主坝坝型为混凝土重力坝,最大坝高47.7 m,坝顶长度554.4 m,坝基岩石为流纹斑岩,坝体工程量65万m³,主要泄洪方式为坝顶溢流。溢流坝为混凝土实体重力坝,有泄洪孔17个,最大泄洪流量1.87万m³/s。千岛湖如图2-1-7所示。

五、土 壤

铁路沿线地区受气候、地形、生物、母岩和成土年龄等因素的影响和作用,土壤类型较多,且具有明显的垂直分布规律。沿线土壤分布以红壤、黄壤、黄棕壤、水稻土为主。杭州市土壤以红壤和水稻土为主,适宜于多种植物生长。宣城市绩溪县地带性土壤为红壤,约占全县总面积56.7%,山地垂直带谱土壤有黄壤和黄棕壤,耕作土壤主要有水稻土。黄山市中低山地带大部分为黄壤和黄棕壤,土层较厚,石砾含量较高,透水透气性能良好,肥力较高,有利于木林、茶、桑和药材生长。丘陵地带多为红壤和紫色土,质地黏重,且为酸性,肥力很差,但光热条件好,适宜栎松、油茶等生长,山麓盆地与平原谷地多砂壤土、溪河两岸多冲积土,适于农业耕作。

图 2-1-7 千岛湖

六、动 植 物

（一）植物资源

1. 植物区系及组成

根据现场踏勘、调查走访和标本鉴定，并参考《浙江省植物志》《安徽省植物志》和地方林业部门调查的本底资料，确定项目区范围内共有种子植物 148 科 575 属 1 804 种，分别占全国植物总科数的 49.17%，总属数的 19.33%，总种数的 7.13%，其中裸子植物 8 科 23 属 109 种，被子植物 140 科 552 属 1 695 种（其中，单子叶植物 25 科 138 属 294 种，双子叶植物 115 科 414 属 1 401 种）。

参照吴征镒等（2003 年）关于中国种子植物科分布区类型的划分系统，并参考《浙江植物区系的特点》《浙江省木本植物区系特征及其与引种驯化的关系》《安徽种子植物增补及地理新分布》《安徽省种子植物多样性的研究》确定本工程所在区域属泛北极植物区，中国—日本森林植物亚区的华东地区，其区系特征为温带成分比重大，东部成分占的比重偏高，中西部比重小，沿线种类最多的是泛热带分布成分，常见的有紫金牛属（*Ardisia*）、榕属（*Ficus*）、苎麻属（*Boehmeria*）、紫珠属（*Callicarpa*）、冬青属（*Ilex*）、崖豆藤属（*Millettia*）、乌桕属（*Sapium*）、花椒属（*Zanthoxylum*）、黄檀属（*Dalbergia*）、山矾属（*Symplocos*）、鹅掌柴属（*Schefflera*）、柿属（*Diospyros*）、菝葜属（*Smilax*）等。许多属如榕属、柿属、鹅掌柴属等许多种类是常绿阔叶林的组成树种，冬青属、山矾属、紫金牛属、菝葜属等是林下中下层的习见种类。

工程沿线天然林分布面积较大的区域主要集中在浙江省淳安县、安徽省绩溪县境内，其余地域大多被马尾松林、杉木林等针叶林类型或毛竹林所替代，此外，工程沿线还广泛分布有一年蓬、小白酒草、凤眼莲、喜旱莲子草、土荆芥、铺地黍等外来物种。

2. 植被类型及分布

本工程沿线区域在植被区划上隶属于中国三大植被区域中的中国东部湿润森林区，植被属中亚热带常绿阔叶林带，包括跨浙西、皖南山丘，栲类、细柄蕈树（*Altingia gracilipes*）林区、浙皖山地丘陵常绿槠类、半常绿栎类阔叶林区等，受人工造林活动和农业开发活动的影响，低山丘陵区以人工次生林和经济林为主，主要为马尾松林、杉木林等用材林和柑橘、茶、山核桃、板栗等经济林；在自然保护区、风景名胜区、森林公园等自然地貌保护较好的区域，存在一定面积的原生植被，主要有甜槠林、丝栗栲林、青冈林等次生性常绿阔叶林；在冲海积平原区和河流一级阶地，主要为农田和城镇绿化植被；线路跨越的富春江两侧分布有一定面积的意杨防护林。

本工程全线跨越冲海积平原区、中低山丘陵区等地貌单元，局部路段海拔相对高差较大，因此植被水平分布和垂直分带现象明显。

（1）水平分布

本工程沿线受天目山脉的阻隔影响及海洋性气候不同程度的影响，线路东西不同区域植被差异较明显，其中淳安至绩溪段中亚热带针叶林分布较典型，其森林植被的植物种类组成以壳斗科、樟科、山茶科、豆科、茜草科、木兰科、金缕梅科、杜英科、大戟科等的植物为主，其中又以壳斗科的栲属、石栎属、青冈属，樟科的润楠属、樟属、楠木属，山茶科的木荷属，金缕梅科的蕈树属、枫香属，杜英科的杜英属、猴欢喜属的树种为主组成森林乔木层。林中也混生部分针叶树种如马尾松、柳杉、铁杉属、南方红豆杉、建柏、杉木以及少量毛竹等竹类。林下层植物以柃木属、杜鹃属、越橘属、冬青属、石斑木属、檵（jì）木属、紫金牛属、箬（ruò）竹属、木姜子属、山矾属、山胡椒属等灌木为多。草本植物大多是狗脊蕨、芒萁、里白属、黑莎草、麦冬、淡竹叶和其他蕨类。

线路东段冲海积平原受人工造林和农业生产活动影响尤为明显，森林植被多为人工马尾松林和杉木林，平原区域则多辟为农田，湿地植被仅见于富春江、新安江水域滩涂及周边湖汊（chà）。

（2）垂直分布

本工程中亚热带的山地植被垂直带谱一般有三个基本带，即随海拔增高而依次出现的常绿阔叶林带，针阔叶混交林、针叶林、山地矮林与灌丛混合带和中山草甸带。常绿阔叶林带下部约海拔150～400 m范围内的现状植被大多是人工林（杉木林、马尾松林、竹林、油茶油桐林、果园、茶叶园等）、农田或次山灌草丛、村庄等；海拔900～1 300 m是常绿阔叶林带的分布上限；针阔叶混交林、温性针叶林、山地矮林、灌丛带的分布上限则多在海拔1 000～1 800 m；这个带以上至山顶一般为中山草甸或草丛。

（二）动物资源

1. 两栖类

工程沿线有分布记录的两栖动物共2目6科19种，包括：国家重点二级保护野生动物1种，即虎纹蛙；浙江省重点保护动物2种，即大泛树蛙、凹耳蛙；安徽省重点保护动物5种，即中华大蟾蜍、花背蟾蜍、黑斑蛙、金线蛙、棘胸蛙。该段两栖动物优势种为中华大蟾蜍、沼蛙和泽蛙。

2. 爬行类

工程沿线有分布记录的爬行类共3目8科29种，其中：浙江省重点保护动物7种，即平胸龟、眼镜蛇、滑鼠蛇、黑眉锦蛇、脆蛇蜥、五步蛇、钩盲蛇；安徽省重点保护动物7种，即乌龟、眼镜蛇、乌梢蛇、王锦蛇、滑鼠蛇、黑眉锦蛇、尖吻蝮。眼镜蛇、滑鼠蛇、黑眉锦蛇为两省共同保护种类。

3. 鸟类

工程沿线有分布记录的鸟类合计89种，隶属于13目30科，其中雀形目最多，共14科51种，占鸟类总数的57.30%。89种鸟类中，有国家一级保护动物1种，即白颈长尾雉；国家二级保护动物13种，分别为普通鵟、勺鸡、凤头鹰、赤腹鹰、雀鹰、林雕、松雀鹰、红隼、白鹇、短耳鸮、草鸮、鸢、栗鸢；浙江省级保护鸟类19种，即白鹭、大白鹭、夜鹭、四声杜鹃、大杜鹃、噪鹃、三宝鸟、戴胜、大拟啄木鸟、星头啄木鸟、棕背伯劳、红尾伯劳、虎纹伯劳、牛头伯劳、黑枕黄鹂、喜鹊、灰喜鹊、红嘴相思鸟、寿带鸟；安徽省级保护鸟类21种，即普通鸬鹚、白鹭、大白鹭、普通秋沙鸭、四声杜鹃、家燕、金腰燕、棕背伯劳、红尾伯劳、虎纹伯劳、牛头伯劳、黑枕黄鹂、鹌鹑、夜鹰、灰雁、喜鹊、灰喜鹊、红嘴相思鸟、寿带鸟、画眉、罗纹鸭。两省共同保护种类13种，即白鹭、大白鹭、四声杜鹃、三宝鸟、棕背伯劳、红尾伯劳、虎纹伯劳、牛头伯劳、黑枕黄鹂、喜鹊、灰喜鹊、红嘴相思鸟、寿带鸟。

4. 兽类

工程沿线有分布记录的兽类共7目13科28种，包括：国家重点一级保护野生动物2种，即云豹、黑麂；国家重点二级保护野生动物4种，即穿山甲、大灵猫、小灵猫、青鼬；安徽省重点保护动物5种，即小麂、豹猫、黄鼬、黄腹鼬、鼬獾；浙江省重点保护动物4种，即豪猪、豹猫、鼬獾、貉。豹猫、鼬獾为两省共同保护种类。

（三）水生生物资源

1. 浮游植物

项目区浮游植物共有7门37种，其中绿藻门15种、硅藻门9种、蓝藻门6种、裸藻门1种、金藻门2种、甲藻门2种、裸藻门2种。

2. 浮游动物

项目区浮游动物共有51种，其中原生动物10种、轮虫23种、枝角类10种、桡足类8种。

3. 底栖动物

项目区底栖动物共有18种。

4. 渔业资源

渔业资源包括人工养殖、野生的鱼类和水生脊椎动物，对沿线渔业资源的调查主要参考了沿线渔业部门所提供的鱼类资源资料和对沿线渔民、市集、居民的调查走访结果，并结合沿线渔业资源研究文献进行综合分析，确定项目区范围内共有鱼类7目12科82种，其中鲤形目的种类最多，达61种，占总数的74.39%，其中国家二级保护鱼类2种，即花鳗鲡和胭脂鱼。

千岛湖库区分布有农业部批准的国家级水产种质资源保护区，主要保护对象为黄尾密鲴、细鳞斜颌鲴，其他保护物种包括翘嘴红鲌、蒙古红鲌、光唇鱼等。

第二节 青山秀水、环境敏感

杭黄高铁是连接名城（杭州）、名江（富春江）、名湖（千岛湖）、名山（黄山）的世界级"高铁黄金旅游线"，被誉为"最美高铁"。沿线风景名胜区、自然保护区、森林公园等环境敏感目标众多，包括国家级自然保护区3处，国家和省级风景名胜区3处，国家和省级森林公园14处，饮用水水源保护区6处、文物保护单位10处、历史文化名村镇6处等，5A级风景区有7个，4A级风景区有56个，生态保护标准高、环保要求严。杭黄高铁沿线环境敏感区分布如图2-2-1所示。

一、自然保护区

（一）浙江清凉峰国家级自然保护区

浙江清凉峰国家级自然保护区位于浙江省杭州市临安区境内，地理坐标为北纬30°05′～30°17′，东经118°52′～119°11′，主要保护对象为东南沿海季风区中山丘陵森林生态系统及珍稀野生动植物。

清凉峰位于皖浙交界处，属浙西与安徽省交界白际山脉北段的一部分。清凉峰自然保护区是以主峰清凉峰而命名的，清凉峰海拔1 784.4 m，是临安最高峰，也是浙江省西北部的最高峰。保护区位于东海之滨的浙皖丘陵中山区，是长江三角地区难得的保存完好的物种基因宝库，总面积11 578 hm^2。

清凉峰自然保护区资源丰富，生物多样性突出。据统计，区内有植物2 100多种，脊椎动物280多种，昆虫1 800多种，其中有多种国家一二级保护动植物。同时，清凉峰自然保护区是濒临灭绝的野生华南梅花鹿的保护区，保护区仅存200只左右，为我国最大的野生华南梅花鹿种群。

保护区由龙塘山、千顷塘和顺溪坞三个部分组成，1985年8月经浙江省人

生态杭黄

图 2-2-1　杭黄高铁沿线环境敏感区分布示意

民政府批准成立了龙塘山省级自然保护区，1998年8月经国务院批准晋升为国家级自然保护区。浙江清凉峰国家级自然保护区如图 2-2-2 所示。

图 2-2-2　浙江清凉峰国家级自然保护区

杭黄高铁经临安北线方案邻近浙江清凉峰国家级自然保护区的龙塘山森林生态系统保护区和顺溪坞珍稀濒危植物保护区,最近距离分别是1.01 km和1.63 km。

(二)安徽清凉峰国家级自然保护区

安徽清凉峰国家级自然保护区位于安徽省绩溪县、歙县与浙江省临安区两县一市接壤地带,地理坐标为北纬$30°03'34''\sim30°09'40''$,东经$118°45'49''\sim118°53'38''$。保护区包括绩溪县境内$1\,333\,hm^2$国有山场和绩溪县伏岭镇永来、逍遥、江南(仅黄茅培自然村)、大鄣四个行政村的集体山场$3\,717\,hm^2$以及歙县境内三阳乡境内的国有山场$1\,038\,hm^2$和英川、茬头、上坦、金石、小岫、木岭、岭脚等七个行政村集体山场$1\,723.2\,hm^2$,保护区总面积$7\,811.2\,hm^2$。

为有效保护清凉峰地区珍稀动植物资源,1979年1月经歙县批准,建立"歙县清凉峰自然保护区"。1980年,安徽省林业厅组织科技人员进行自然资源综合考察,该处被列为建区对象。1982年6月,经安徽省人民政府批准,成立了"安徽省歙县清凉峰自然保护区",相应成立了管理站,隶属歙县林业局。1986年2月4日,安徽省人民政府批准建立绩溪清凉峰省级自然保护区,同年,绩溪县人民政府设立"绩溪清凉峰自然保护区管理站",隶属绩溪县林业局。安徽清凉峰国家级自然保护区如图2-2-3所示。

杭黄高铁经临安北线方案邻近安徽清凉峰国家级自然保护区,最近距离1.258 km;沿富春江、千岛湖南线方案经过邻近安徽清凉峰国家级自然保护区,最近距离5.896 km。

图 2-2-3　安徽清凉峰国家级自然保护区

（三）浙江天目山国家级自然保护区

浙江天目山国家级自然保护区位于浙江省杭州市临安区境内，地理坐标为北纬 30°18′30″～30°24′55″，东经 119°23′47″～119°28′27″，面积 4 284 hm²，1956 年原国家林业部公布为"全国森林禁伐区"，1975 年 3 月浙江省人民政府批准建立省级自然保护区，1986 年 5 月经国务院批准列为国家级自然保护区，属中型野生植物类型自然保护区，主要保护对象为银杏、连香树、鹅掌楸等珍稀濒危植物。1996 年加入联合国教科文组织"人与生物圈"保护区网。

保护区包括西天目山、东天目山、中天目山和南天目山，其中西天目山素称天然植物园，1996 年列为世界生物圈保护区。植物资源丰富，共有大型真菌 28 科 115 种，地衣 3 科 48 种，苔藓植物 60 科 142 属 291 种，蕨类植物 35 科 68 属 151 种，种子植物 151 科 764 属 1 718 种，整个森林植被呈现"高、大、古、稀、多、美"的特点。动物资源包括兽类 75 种，鸟类 148 种，爬行类 44 种，两栖类 20 种，昆虫类 4 209 种，有 35 种国家级保护动物；东天目山有国有山林万亩，大树参天、修竹叠翠、飞瀑涌泉，十分壮观，而且云雾缭绕，变幻无常，有云海奇观、悬崖瀑布等景色；此外有天目山禅源寺、东天目山昭明寺、中天目普照寺、南天目千佛寺及玲珑山卧龙寺等宗教文化景观。

浙江天目山国家级自然保护区以西天目山为核心区域，处在温暖湿润的季风气候带，植被为亚热带落叶常绿阔叶混交林，是中国中亚热带植物最丰富的地区之一，植物区系上反映出古老性和多样性。保护区地理位置和自然条件独特，生物资源极其丰富，是一块具有物种多样性、遗传多样性、生态系统多样性和文化多样性的独特宝地，是中国江南不可多得的一座"物种基因库"和"文化遗产宝库"。浙江天目山国家级自然保护区如图2-2-4所示。杭黄高铁经临安北线方案邻近浙江天目山国家级自然保护区，最近距离12.925 km。

图2-2-4 浙江天目山国家级自然保护区

二、风景名胜区

（一）富春江—新安江—千岛湖国家级风景名胜区

1. 历史发展

"两江一湖"风景名胜区位于浙江省杭州市域范围，地理坐标为北纬29°20′～30°10′，东经118°35′～120°15′，沿钱塘江流域中上游绵延200余千米，涉及富阳、桐庐、建德、淳安等行政区域。

"两江一湖"风景名胜区于1982年被列入第一批国家级风景名胜区名单。1985年，杭州市富春江—新安江风景名胜区管理委员会办公室和同济大学园林教研室共同编制了"两江一湖"总体规划,并于1988年7月4日经国务院同意,由建设部批复。

为适应富春江—新安江—千岛湖风景名胜区风景资源保护与开发利用的需要,杭州市政府于2008年1月完成了《富春江—新安江—千岛湖风景名胜区总体规划(2007—2025年)》,并于2010年通过了住建部组织的技术审查。

1988年版《富春江—新安江风景名胜区总体规划》未明确风景区边界及范围,《富春江—新安江—千岛湖风景名胜区总体规划(2007—2025年)》对风景区面积进行了界定,但风景区具体边界未进行勘界。

2. 景区组成

根据《富春江—新安江—千岛湖风景名胜区总体规划(2007—2025年)》,"两江一湖"风景名胜区依托杭州市,以富春江—新安江—千岛湖水路为主轴线,以四个县(市、区)为旅游服务基地,将135个主要景点(景群)组织到21个景区、3个大型风景分区中,整个风景区由"风景区—风景分区—景区—景点(景群)"体系组成。风景区保护范围划分为:核心景区保护范围、景区保护范围、外围保护地带,涉及富阳、桐庐、建德、淳安等行政区域,用地范围1 423 km^2,其中陆域面积837 km^2,水域面积586 km^2,风景区外围保护地带范围2 750 km^2。

(1)风景分区:溯江而上,沿风景区主轴线划分为富春江分区,新安江—泷江分区,千岛湖分区。

(2)景区组成:在3个风景分区以下划分21个景区。

①富春江分区:鹳山、孙权故里、桐君山、龙门、碧云、瑶琳、白云源等七个景区。

②新安江—泷江分区:七里泷、新安江、大慈岩—新叶、严东关、灵栖等五个景区。

③千岛湖分区:中心湖、东南湖、东北湖、西北湖、西南湖、石林、白马、全朴溪、大明山等九个景区。

3. 景区范围

根据景点周边山脊线、山峰、高地等视线控制物划定。平坦地区以500~1 000 m的可视距为界。江、湖沿线陆域以1 000 m为控制范围,沿江、沿湖陆域为城镇、村落、开发区等建设用地的,控制50~100 m宽的滨水风景林带。

（1）外围保护地带

控制在风景区界线以外 2 000 m。

（2）核心景区

核心景区范围主要为以下区域，具体范围尚未详细界定：

① 包括二董墓、大桐洲在内的孙权故里景区部分沿江区域。

② 包括桐君山在内的桐君山景区部分沿江区域。

③ 包括瑶琳仙境在内的瑶琳景区部分区域。

④ 包括碧云洞天、通天飞瀑在内的碧云景区部分区域。

⑤ 包括严子陵钓台、七里峡川、子胥渡口、乌石滩等在内的七里泷景区部分沿江区域。

⑥ 包括严东关、方腊点将台、双塔凌云等在内的严东关景区部分沿江区域。

⑦ 包括新安江大坝、好运岛、东铜官在内的千岛湖部分区域。

⑧ 包括姥山林海、蜜山岛等在内的东南湖景区部分区域。

⑨ 包括龙山岛、梅峰双岛、笔架山、百岛迷宫、黄金水道、界首森林等在内的中心湖景区部分区域。

⑩ 包括古狮城遗址在内的西南湖景区部分区域。

⑪ 包括西山坪、仙姑洞、玳瑁岭、灵栖洞在内的石林景区、灵栖景区部分区域。

原则上风景保护的特级保护区和一级景点及周边所划定的一级保护区均作为核心景区。

4. 景点（景群）等级划分

风景区各景点（景群）等级划分情况具体见表 2-2-1。

表 2-2-1 风景区景点（景群）等级划分一览表

景点级别	所属行政区域	风景区景点	外围保护地带景点
一级景点 49处	西湖区		灵山洞群（共1处）
	富阳区	鹳山、王洲（孙权故里）、龙门古镇（共3处）	
	桐庐县	桐君山、严子陵钓台、芦茨湾、白云源、瑶琳仙境、剪溪坞、牛背脊、深澳、狄浦（共9处）	
	建德市	灵栖洞群、大慈岩、新安江大坝、双塔凌云、乌石滩、子胥渡口、七里峡川、葫芦瀑布群、新叶、梅城古镇（严东关）、绿荷塘（共11处）	

续上表

景点级别	所属行政区域	风景区景点	外围保护地带景点
一级景点 49处	淳安县	小金山、梅峰观岛、南山岛、龙山岛、百岛迷宫、贤桥浅水湾、界首森林、黄金水道、姥山、天池、蜜山、桂花岛、桥西港湾、文佳岭古战场遗址、息坑古战场遗址、小三峡、兰玉坪、珙瑁岭、西山坪、磨心尖、珍珠列岛、古狮城遗址（共22处）	
	临安区	千亩田、龙溪峰林峡谷瀑布、瑞晶洞、昱岭关（共4处）	
二级景点 51处	西湖区		长安沙、佛殿湖、大坞盆地（共3处）
	富阳区	庙山坞、新沙岛、东洲沙、董诰墓、董邦达墓、大桐洲、天钟山、月亮岛、龙门山、碧云洞天（共10处）	经纬标志点化竹、受降厅（共3处）
	桐庐县	垂云洞、浪石金滩、天目溪漂流、天子岗（孙权祖墓）、天峒山、大奇山、富春江大坝、避风塘（共8处）	五里亭水库（共1处）
	建德市	清凉世界、建德人牙洞、东铜官、紫金滩、下涯、黄绕、方腊点将台、胥溪、江南村、柱状节理群、白沙奇雾、乌龙山（共12处）	落凤山、里叶（共2处）
	淳安县	西源朝晖、云蒙列岛、羡山、温馨岛、逍遥湾、源头水湾、朱氏宗祠、五龙岛、笔架山、黄山尖、金竹牌畲乡风情、屏风崖百湖岛、灵崖瀑布、西岭、白马乳洞、全朴溪、鸠坑溪谷风光、五都湾（共18处）	方腊被缚洞、二十五里青山（共2处）
	临安区	大明湖森林公园、朝天沟瀑布高山盆地区（共2处）	
三级景点 35处	富阳区	鹿山(东吴文化公园)、造纸印刷文化村、通天飞瀑、碧云湖（共4处）	仙人洞、高尔夫球场（共2处）
	桐庐县	阆苑石林、红灯笼乡村家园、独山慈云（共3处）	五云山（共1处）
	建德市	公曹水库、朱池、李村、好运岛（共4处）	水帘洞（共1处）
	淳安县	锦溪秀色、泽塘里古树群、山后瀑布、金峰渔村风情、金峰溪谷风光、梅峰渔村风情、孔雀岛、三潭岛、东亭渔村风情、黄智山、叶棋乡风情、石头山岛、文昌果乡风情仙姑洞、白马红军标语墙、遂阳竹海、狮古山、浪川乡山林、方腊聚义洞、小天台、百罗凌霄、桐桥礁岛群（共21处）	石柱源、龙门塔、雁塔、琅琯塔、霞源水库、半亩方塘、万岁岭、尹山、塘联—茶乡风情、天堂瀑布琴川、横塘、河村、云源港湾（共13处）
	临安区	西坑古道云海植物区、白蛇洞瀑布区（共2处）	

5. 景区资源价值

富春江—新安江—千岛湖风景名胜区具有较高的生态、游览观赏、历史文化及科学研究等多方面的价值。

（1）生态价值

①富春江、新安江源远流长，为全国含沙量最少的水系，千岛湖和新安江可以达到国家Ⅱ类地表水的标准，部分水域可以达到国家Ⅰ类地表水的标准，水体能见度 5～7 m。这一地区是浙江省湿地调查报告中确认的湿地，其中千岛湖（新安江水库）为省重点湿地。

②植物资源丰富：已知维管束植物种类 1 824 种，隶属 194 科 830 属，其中蕨类植物 35 科 69 属 126 种，种子植物 159 科 761 属 1 698 种；自然植被有 5 个植被型组 13 个植被型，人工植被有 7 个植被型组若干个植被型。

③野生动物资源丰富：区内有哺乳动物 79 种，鸟类 206 种，爬行动物 50 种，两栖类动物 12 种，鱼类 113 种，昆虫 1 800 种。珍禽有白颈长尾雉、山雉鸡等。

"两江一湖"区域优美的自然山水，丰富的动植物资源，大面积的森林覆盖，使其成为具有高质量生态环境的地区，对当地及杭州大都市圈的生态维护起到了不可替代的作用。

（2）游览观赏价值

①风景观光：主要有山水自然风景观光、地质熔岩风景观光、岩溶地貌风景观光、丹霞地貌风景观光、传统建筑民居宗祠观光。

②旅游度假休闲：千岛湖湖区度假，富春江、新安江沿江地区度假，中小型水库库区度假，森林公园度假。

（3）历史文化价值

①历史名人辈出，名人史迹众多。

②历史遗迹丰富，古建筑、牌坊、古村落、民居宗祠和文化遗址大量遗存。

③地方文化积淀深厚、民俗风情独特、土特产品丰富多彩。

④文学创作独树一帜，以浙西"水上唐诗之路"著称，受吴越文化和皖南徽文化双重影响，形成徽文化支派新安文化。

⑤绘画艺术享誉天下，古代有黄公望、董诰等名画师，"富春山居图"闻名于世，现代有叶浅予等。

（4）科学研究价值

"两江一湖"区域拥有岩溶地貌、丹霞地貌、古民居村落、山水自然生态、野生动植物资源等多方面的科学研究价值。"两江一湖"风景名胜区淳安境内景区如图2-2-6所示。杭黄高铁沿富春江、千岛湖南线方案经过"两江一湖"风景名胜区的景区范围17.498 km和外围保护地带范围44.443 km。

图2-2-5 "两江一湖"风景名胜区淳安境内景区

（二）黄山国家级风景名胜区

黄山雄踞于安徽省南部黄山市境内，山境南北长约40 km，东西宽约30 km。黄山风景区面积160.6 km^2，地理坐标为北纬30°01′～30°18′，东经118°01′～118°17′，东起黄狮，西至小岭脚，北始二龙桥，南达汤口镇，分为温泉、云谷、玉屏、北海、松谷、钓桥、浮溪、洋湖、福固九个管理区。缓冲区面积490.9 km^2，以与景区相邻的黄山区汤口镇、谭家桥镇、三口镇、耿城镇、焦村镇和洋湖林场的行政边界为界。

黄山是世界文化与自然遗产、世界地质公园、世界生物圈保护区，是国家级风景名胜区、全国文明风景旅游区、国家5A级旅游景区，与长江、长城、黄河同为中华壮丽山河和灿烂文化的杰出代表，被世人誉为"人间仙境""天下第一奇山",素以奇松、怪石、云海、温泉、冬雪"五绝"著称于世。境内群峰竞秀,怪石林立,有千米以上高峰88座,"莲花""光明顶""天都"三大主峰,海拔均逾1 800 m。明代大旅行家徐霞客曾两次登临黄山,赞叹道:"薄海内外无如徽之黄山,登黄山天下无山,观止矣!"后人据此概括为"五岳归来不看山,黄山归来不看岳"。黄山国家级风景名胜区如图2-2-6所示。

图2-2-6　黄山国家级风景名胜区

黄山生态系统稳定平衡,植物群落完整而垂直分布,保存有高山沼泽和高山草甸各一处,是绿色植物荟萃之地,素有"华东植物宝库"和"天然植物园"之称。景区森林覆盖率为98.29%,林木绿化率达98.53%,有高等植物222科827属1 805种,有黄山松、黄山杜鹃、天女花、木莲、红豆杉、南方铁杉等珍稀植物,在黄山发现或以黄山命名的植物有28种。

黄山是动物栖息和繁衍的理想场所,有鱼类24种、两栖类21种、爬行类48种、鸟类176种、兽类54种,主要有红嘴相思鸟、棕噪鹛、白鹇、短尾猴、梅花鹿、野山羊、黑麂、苏门羚、云豹等珍禽异兽。

杭黄高铁距离黄山国家级风景名胜区27.856 km。

（三）龙川省级风景名胜区

1. 景区概况

龙川风景名胜区位于安徽省绩溪县，是以徽文化为内涵基础，以灵山秀水为生态基础，重点突出宗祠文化、名人文化、风水文化、民俗文化及生态休闲为主的历史古迹型风景名胜区。2012年4月，安徽省人民政府批复设立龙川省级风景名胜区。风景区以龙川景区为核心，面积为17.30 km²，结合周边的鄣山大峡谷景区和徽杭古道景区，景区总面积约30.30 km²，景区外围控制地带面积23.9 km²。

龙川风景区地处中亚热带，植物区系属中亚热带东部常绿阔叶林生态系统区，景区内分布有国家一级保护植物3种，国家二级保护植物9种，其他濒危植物种类22种。风景区共有两栖动物2目4科10种、爬行动物3目6科14种、鸟类10目29科79种、兽类7目16科32种，国家一级保护动物5种，国家二级保护动物16种。

龙川风景区历史悠久、风光秀丽，是明末抗倭名将胡宗宪乃胡氏36代祖籍地，龙川省级风景名胜区如图2-2-7所示。龙川村地形如靠岸之船，东耸龙须山，

图2-2-7 龙川省级风景名胜区

紧依登源河,南有龙川汇集,西偎凤冠秀峰,北峙崇山峻岭,独具特色,兼具天目山、黄山的秀美,自然景色宜人。这里不仅山水清丽,自古也是文风昌盛、人才荟萃之地,文化积淀厚重,拥有丰富的物质和非物质文化遗产,景区内共有不可移动文物 27 处,其中国家级文物保护单位 1 处、省级文物保护单位 3 处、县级文物保护单位 10 处,是文化旅游、生态旅游和宗教旅游的绝好去处。

2. 景点资源概况

景区景点资源分为自然景观、人文景观两大类,合计 131 个景点,其中自然景观 59 个,人文景观 72 个,具体见表 2-2-2。杭黄高铁沿富春江、千岛湖南线方案经过龙川省级风景名胜区的景区范围 1.6 km。

表 2-2-2 龙川风景区景点资源分类一览表

景观分类			景 点
自然景观	天景	虹霞蜃景	水口夕照
		气候景象	春色龙川、龙须山雪景、龙须山雾景
	地景	大尺度山地	蓝田凹、野猪塘、白沙岗
		山景	小黄山、佛掌峰、龙须山、卧佛七姑山
		奇峰	百丈岩、龙须峰、美人峰、望龙峰、天马山
		峡谷	樟山大峡谷、逍遥谷
		洞府	仙梦洞、三君洞
		石林石景	伟人石、金龟望月、武昌鱼、犀牛戏水、神马食草、雄狮石、神龟顶石、冠顶生花、天子棺、磨盘石、将军石、江南第一关、白玉滩、龙骨、天境石
		其他地景	野营坡、野猪塘
	水景	泉井	龙门泉、浒里三眼井
		溪涧	大郛溪、龙溪
		江河	登源河
		湖泊	七星塘
		潭池	葫芦谭、天子滩、蝴蝶潭
		瀑布跌水	心字潭、凤尾瀑、西寺飞瀑、龙门飞瀑
	生境	古树名木	龙须草、柏树、麻栎、糙叶树、枫树、枫杨
		植物生态类群	胡松林

续上表

景观分类			景　点
自然景观	生境	物候季相景观	山花绚烂
		其他生物景观	金钱树
人文景观	园景	庭宅花园	仁和园
		专类游园	龙川水上乐园
		陵园墓园	文化园
		风景建筑	徽山亭、濯玉轩、黄帝炼丹房、岩口亭、一得亭、下雪堂、施茶亭、如心亭、民俗古戏台、影壁、龙川水街长廊、水榭、龙溪街、忍先堂、老街、吉祥亭
		民居宗祠	章祥华故居、黄茅培、永来村、胡炳衡故居、奕世尚书房、竹幽篱府、胡氏宗祠、乡贤祠、胡宗宪少保府、太极湖村、龙川村、方氏宗祠、仁里村、上村古民居、胡宗宪书坊
		文娱建筑	徽州三道茶馆、都宪坊、墨坊
		宗教建筑	灵山庵
		工交建筑	龙川驿道、上官桥、中王桥、康惠桥、浒里古水巷、横街
		工程构筑物	桃花坝
	胜迹	遗址遗迹	龙峰禅院遗址、胡宗宪墓、徽杭古道、大宗堂旧址、胡炳衡墓
		游娱文体场地	佛缘测运缸
	风物	节假庆典	舞徊、祭社、花朝会、赛琼碗、抬五帝、游龙舟、跳旗
		民间文艺	秋千台阁、徽戏童子班、胡宗宪、胡雪岩、胡炳衡、徽菜、徽墨、徽剧、木雕、砖雕、石雕、一品锅、十碗八

注：2017年3月21日，龙川风景名胜区经国务院审定公布为国家级风景名胜区，《龙川风景名胜区总体规划（2020—2035年）》尚未经国务院批复，此处仍以龙川省级风景名胜区的相关信息进行介绍。

三、森林公园

（一）石牛山省级森林公园

石牛山省级森林公园位于浙江省杭州市萧山区戴村镇，总面积2 929.43 hm^2，地理坐标为北纬29°56′00″～30°01′50″，东经120°05′10″～120°11′14″。北至义桥镇，西接富阳区，南邻河上镇，东界兔沙河村、戴家山村、凌桥村、前方村、八都村、马谷村、沈村以及石牛山村和佛山村。石牛山省级森林公园如图2-2-8所示。杭黄高铁沿富春江、千岛湖南线方案经过石牛山省级森林公园范围1.3 km。

图 2-2-8　石牛山省级森林公园

（二）大奇山国家森林公园

大奇山国家级森林公园位于浙江省杭州市桐庐县城南街道境内，在县城东南 7 km 处。地理坐标为北纬 29°45′08″～29°46′32″，东经 119°42′39″～119°44′38″。森林公园位于富春江南岸，是一处集江南山水与草原风光于一体的综合性森林公园，公园内山峦叠翠、峡谷幽深、浓荫蔽日、溪水潺潺，又有茂林修竹和平畴沃野相映带，整个公园有"天然氧吧"和"休闲天堂"之美誉，为"浙江省十大休闲基地"之一。

大奇山又称"塞基山"，史称"江南第一名山"。境内有山峦、怪石、峡谷、溪瀑，以雄、险、奇、秀、旷著称。大奇山国家森林公园内有动物 130 余种，其中兽类 39 种，鸟类 81 种，蛇类 14 种。动物主要有山鳗、石鸡、娃娃鱼、黑麂、山鹿、金钱豹、云豹、灵猫、穿山甲等。有木本植物和灌木近千种。植物主要有苦丁茶、金钱松、马尾松、杉树、杜鹃、广玉兰、杨梅、苦槠、毛竹等，其中国家保护植物有 13 种。

大奇山国家森林公园属典型亚热带阔叶林森林公园，森林覆盖率达 97%。生物多样性保护与生态环境维持极其重要，自然与文化遗产极其重要，生态环境敏感类型为水环境污染高度敏感。

大奇山国家森林公园内，景点主要有石景源峡谷、金牛问奇居等。公园围绕绿色主题，开辟了青青世界、童趣园、烧烤场、沐浴潭、鱼乐园等游乐设施。

大奇山国家森林公园总体规划面积 695.7 hm²，分为金牛潭综合服务区、大奇山登高览胜区、石景源峡谷观光区、龙潭坞运动休闲区、雾泥岗生态保护区五大区块。大奇山国家森林公园如图 2-2-9 所示。杭黄高铁沿富春江、千岛湖南线方案邻近大奇山国家森林公园，最近距离 736 m。

图 2-2-9　大奇山国家森林公园

（三）富春江国家森林公园

富春江国家森林公园位于浙江省杭州市建德市东部，地理坐标为北纬 29°25′43″～29°39′34″，东经 119°06′58″～119°42′00″，由梅城区块、乾潭区块、绿荷塘区块 3 个区块组成，公园总面积 8 485.31 hm²。浙江富春江国家森林公园地处亚热带北缘季风气候区，属昱岭山脉、龙门山脉，植被以常绿阔叶林为主，森林覆盖率达 91.72%。

富春江国家森林公园植被在植被分类中属中亚热带常绿阔叶林北部亚地带，浙皖山丘青冈苦槠栽培植被区。境内分布有野生和栽培的木本植物共计 642 种，隶属 91 科 276 属，其中裸子植物 8 科 27 属 53 种，双子叶植物 79 科 239 属 564 种，单子叶植物 4 科 10 属 25 种，主要有杉、松、鹅掌楸、厚朴、檫木、枫香等。

富春江国家森林公园内野生动物共分属 4 纲 27 目 48 科，其中属国家重点保护野生动物有鸳鸯、苍鹰 2 种，省级重点保护野生动物有凹耳蛙、大树蛙、五步蛇、眼镜蛇、白鹭、喜鹊6种。富春江国家森林公园如图2-2-10所示。杭黄高铁沿富春江、千岛湖南线方案邻近富春江国家森林公园，最近距离5.388 km。

图2-2-10 富春江国家森林公园

（四）新安江省级森林公园

新安江省级森林公园位于浙江省杭州市建德市西部，地理坐标为北纬29°26′~29°31′，东经119°10′~119°16′，北临莲花镇和龙家坞，南临更楼街道，西接淳安县，东临洋溪街道。公园在钱塘江中游，由新安江景区、千岛湖景区、新安江水电厂等景区景点组成，森林公园规划面积为3 560 hm²。

新安江省级森林公园地貌以低山丘陵为主，海拔860 m，土壤主要有黄壤、红壤和岩性土三个类型，属亚热带北缘季风气候区，植被在全国植被分类中属中亚热带常绿阔叶林北部亚地带—浙皖山丘青冈苦槠栽培植被区，植被主要为常绿针叶林及落叶阔叶林为主，森林覆盖率达81%，有植物近600种，主要有山茶、樟树、毛竹等。

公园内动物有4纲27目69科，其中属国家重点保护野生动物有黑麂、鬣羚、穿山甲、勺鸡、鹌鹑、鹧鸪、鸳鸯、苍鹰、红隼、岩鹭等39种，浙江省级重点保护野生动物有凹耳蛙、大树蛙、五步蛇、眼镜蛇、白鹭、喜鹊、松鸦、黑枕黄鹂、狐、豺等38种。新安江国家森林公园如图2-2-11所示。杭黄高铁沿富春江、千岛湖南线方案邻近新安江省级森林公园，最近距离10.899 km。

图 2-2-11 新安江省级森林公园

（五）千岛湖国家森林公园

千岛湖国家森林公园位于浙江省杭州市淳安县，地理坐标为北纬 29°22′～29°50′，东经 118°34′～119°15′。截至 2008 年，公园总面积 950 km²，其中山地面积 417 km²，水域面积 533 km²，蓄水量为 178 亿 m³。千岛湖水色晶莹透碧，能见度 7 m 以上；湖中岛屿森林覆盖率为 82.5%，绿视率为 100%。森林植被资源丰富，以常绿针叶纯林和针阔混交林为主。千岛湖国家森林公园是国家 5A 级旅游景区。

千岛湖国家森林公园的森林覆盖率达 95%，有"绿色千岛湖"之称，植物种类非常丰富。截至 2008 年，公园内共有植物有 194 科 1 825 种，其中木本植物 810 种，野生花卉 498 种；观赏价值较高的有 500 余种，观花品种 241 种，观叶品种 181 种，观果品种 103 种，观形品种 100 余种；属国家重点保护的树种有 20 种。

千岛湖国家森林公园内有野生哺乳类 68 种、爬行类 50 种、昆虫类 16 目 320 科 1 800 种、两栖类 2 目 4 科 12 种、鸟类 100 多种、鱼类 13 科 94 种，有金钱豹、豹、黑熊、云豹、鹿、白颈长尾雉、白鹇、鸮鸟、天鹅、鸳鸯等珍稀动物，还引进了狒猴等动物。

千岛湖国家森林公园经过开发建设，逐渐形成了品位较高、特色鲜明、内容丰富的羡山、屏峰、梅峰、龙山、动物系列、石林六大景区，2003年推出生态旅游景点千岛湖森林氧吧。千岛湖国家级森林公园如图2-2-12所示。杭黄高铁沿富春江、千岛湖南线方案邻近千岛湖国家森林公园，最近距离1.364 km。

图 2-2-12　千岛湖国家森林公园

（六）徽州国家森林公园

徽州国家森林公园位于安徽省黄山市歙县县城西部，与徽州古城隔河相望，地理坐标为北纬30°03′~30°09′，东经118°45′~118°53′，森林公园成立于1992年，总面积5 326.65 hm²，该公园主要由歙西国有林场、歙县清凉峰自然保护区及徽城镇、雄村镇等部分林地组成。

徽州国家森林公园境内植被为中亚热带常绿（落叶）阔叶林带，属皖南山区丘陵植被区，植物垂直分布明显。野生植物有1 367种，其中木本植物91科502种，有国家保护植物27种，主要有青冈、苦槠、绵槠、樟树、红楠、木荷、小叶栎、柞木、化香、响叶杨、枫香、杉木、马尾松、黄山松、香榧、榿木、杜鹃、山胡椒等。

徽州国家森林公园内有野生动物76科29目304种，其中属国家一级保护的有梅花鹿、白鹳、白颈长尾雉、云豹、金钱豹、白鹤、黑麂等7种；属国家二级保护的有大鲵、猕猴、金猫、穿山甲、白鹇、大小灵猫、毛冠鹿等23种，还有八音鸟、画眉、相思鸟、池鹭、灰鹊、啄木鸟等200多种鸟类。

徽州国家森林公园境内林木茂盛、山清水秀、环境优美、风光绚丽，名胜古迹众多，自然景观与人文景观浑然一体，森林旅游资源丰富，是一处集人文景观、自然景观、佛教文化于一体的风景区，也是黄山市重点推出的景区之一。徽州国家森林公园如图2-2-13所示。杭黄高铁邻近徽州国家森林公园，最近距离3.963 km。

图2-2-13　徽州国家森林公园

（七）青山湖国家森林公园

青山湖国家森林公园位于浙江省杭州市临安区境内，是国家林业局批准的国家级森林公园，公园原规划总面积为2 939 hm^2。1999年5月，浙江青山湖森林公园被评为国家级森林公园。2004年，临安市对城市总体规划进行了调整，扩大了建成区总面积，调整后的青山湖国家森林公园在保留原有优良自然景观和森林景观地带的同时，新增了"东湖景区"和"西墅景区"。调整后的森林公园总面积共为2 676 hm^2，包括钱王陵景区、青山湖景区、西径山景区、玲珑山景区、东湖景区和西墅景区。

青山湖国家森林公园地处中亚热带常绿阔叶林北部亚地带,浙皖山丘、青冈、苦木槠林栽培区。植被类型为天然植被和人工植被并重,天然植被有针叶林、针阔叶混交林、阔叶林、灌丛、草坡和水生植物等。人工植被有用材林、经济林、水杉林、茶园、果园等。森林公园内共有维管束植物151科418属691种,其中蕨类植物27科52属85种,裸子植物6科13属14种,被子植物118科353属592种。有古树10余棵,主要分布于西径山景区和玲珑山景区,以苦槠、枫香、马尾松等树种为主。青山湖国家森林公园如图2-2-14所示。

图2-2-14 青山湖国家森林公园

青山湖国家森林公园内有鱼类30余种、两栖类20余种、爬行类30余种、鸟类100余种、兽类30余种,其中,国家重点保护动物5种,即穿山甲、黑麂、鬣羚、中华秋沙鸭、鸿雁。

杭黄高铁经临安北线方案邻近青山湖国家森林公园,最近距离1.258 km。

四、饮用水水源保护区

(一)富春江桐庐饮用水水源保护区

富春江桐庐饮用水水源保护区位于浙江省杭州市桐庐县境内,一级保护区水域：清渚江口至桐庐水厂取水口下游 0.5 km；陆域：沿岸纵深 100 m。二级保护区水域：富春江水库大坝至清渚江口；陆域：沿岸纵深 100 m。

杭黄高铁以桥梁方式跨越富春江桐庐饮用水水源二级保护区水域和陆域，富春江桐庐饮用水水源保护区如图 2-2-15 所示。线路与一级保护区最近距离 82 m，与下游桐庐县水厂取水口最近距离 2.43 km。

图 2-2-15　富春江桐庐饮用水水源保护区

（二）胥溪饮用水水源保护区

胥溪饮用水水源保护区位于浙江省杭州市建德市境内，一级保护区水域：乾潭水厂取水口上游 2 km 至取水口下游 0.1 km；陆域：沿岸纵深 20 m。二级保护区水域：源头至乾潭水厂取水口上游 2 km；陆域：沿岸纵深 20 m。

杭黄高铁以桥梁方式跨越胥溪建德饮用水水源二级保护区水域和陆域，胥溪饮用水水源保护区如图 2-2-16 所示。线路与一级保护区最近距离 820 m，与下游乾潭水厂取水口最近距离 2.82 km。

图 2-2-16 胥溪饮用水水源保护区

（三）长宁溪饮用水水源保护区

长宁溪饮用水水源保护区位于浙江省杭州市建德市境内，一级保护区水域：杨村桥镇水厂取水口上游 2 km；陆域：沿岸纵深 50 m。二级保护区水域：杨村桥镇水厂取水口上游 4 km 至杨村桥镇水厂取水口上游 2 km；陆域：沿岸纵深 100 m。

杭黄高铁以桥梁方式跨越长宁溪建德饮用水水源二级保护区水域和陆域，长宁溪饮用水水源保护区如图 2-2-17 所示。线路与一级保护区最近距离 395m，与下游杨村桥镇水厂取水口最近距离 2.395 km。

图 2-2-17 长宁溪饮用水水源保护区

(四)进贤溪饮用水水源保护区

进贤溪饮用水水源保护区位于浙江省杭州市淳安县境内,一级保护区水域:源头至溪口大桥上游200 m,进贤溪雌龙源溪汇合口至进贤溪文昌溪汇合口;陆域:沿岸纵深100 m。二级保护区水域:溪口大桥上游200 m至进贤溪雌龙源溪汇合口;陆域:沿岸纵深至山叠线。

杭黄高铁以桥梁方式穿越淳安进贤溪饮用水水源二级保护区。线路与一级保护区最近距离250 m,工程跨越进贤溪河段上下游均无取水口分布,如图2-2-18所示。

图2-2-18 进贤溪饮用水水源保护区

(五)扬之河饮用水水源保护区

扬之河饮用水水源保护区位于安徽省黄山市绩溪县境内,一级保护区水域:上游1 000 m至下游200 m;陆域:河道两侧纵深各200 m;二级保护区水域:一级保护区上界上溯4 000 m;陆域:河道两侧纵深各200 m;准保护区水域:二级保护区上界上溯扬溪范围内(除长江水系)的扬溪源、际坑源等河流及各支流;陆域:河道两侧纵深各200 m。

杭黄高铁以桥梁方式跨越扬之河饮用水水源二级保护区及其两个准保护区,扬之河饮用水水源保护区如图2-2-19所示。线路与一级保护区最近距离2.515 km,与下游绩溪县水厂取水口最近距离3.515 km。

图 2-2-19　扬之河饮用水水源保护区

（六）丰乐河饮用水水源保护区

丰乐河饮用水水源保护区位于安徽省黄山市境内，一级保护区水域：水厂取水口上游 500 m 至下游 200 m；陆域：一级保护区水域两侧纵深 200 m；二级保护区水域：一级上界上溯 3 000 m；陆域：二级保护区水域两侧纵深 200 m；准保护区水域：二级上界上溯 5 000 m；陆域：准保护区水域两侧纵深 200 m。

杭黄高铁以桥梁形式跨越丰乐河饮用水水源二级保护区，丰乐河饮用水水源保护区如图 2-2-20 所示。线路与一级水源保护区边界 2.99 km，与下游徽州区水厂取水口最近距离 3.49 km。

图 2-2-20　丰乐河饮用水水源保护区

五、文物保护单位

（一）龙川胡氏宗祠

龙川胡氏宗祠为国家级文物保护单位，类别为古建筑，位于安徽省绩溪县瀛洲乡大坑口村，大坑口古称龙川。龙川胡氏宗祠是一处始建于明代中期的家族祠堂建筑，属于胡氏家族祭祀祖先、议决族内大事的场所。祠内装饰以各类木雕为主，有"木雕艺术博物馆"和"民族艺术殿堂"之称。1988年被国务院批准为第三批全国重点文物保护单位。

龙川胡氏宗祠以徽派建筑风韵屹立在中国古代建筑之林，其丰富的建筑文化内涵具有典型的明代风格，以后又历经修葺，最后一次在清光绪二十四年重修，仍保持了明代徽派雕刻艺术的风格。宗祠建筑线条粗犷，作风淳朴，是徽派古建筑艺术集砖木石雕于一体的宝贵遗产。龙川胡氏宗祠如图2-2-21所示。杭黄高铁邻近龙川胡氏宗祠，最近距离4.43 km。

图2-2-21　龙川胡氏宗祠

（二）棠樾（yuè）牌坊群

棠樾牌坊群为国家级文物保护单位，位于安徽省歙县郑村镇棠樾村东大道上，为明清时期古徽州建筑艺术的代表作。棠樾的七连座牌坊群，不仅体现了徽文化程朱理学"忠、孝、节、义"伦理道德的概貌，也包括了内涵极为丰富的"以人为本"的人文历史，同时亦是徽商纵横商界三百余年的重要见证。每一座牌坊都有一个情感交织的动人故事。乾隆皇帝下江南的时候，曾大大褒奖牌坊的主人鲍氏家族，称其为"慈孝天下无双里，衮绣江南第一乡"。1996年，棠樾牌坊群被国务院列为第四批国家重点文物保护单位。

棠樾牌坊群作为历史的见证，不仅凝聚着古代劳动人民的智慧，也是徽州石材建筑的珍品，每座牌坊都精心设计和施工。棠樾牌坊的建筑艺术，凝结着中国劳动人民的聪明才智和高超的技艺。棠樾牌坊对研究明清时代的政治、经济、文化及建筑艺术和徽商的形成和发展，甚至民居民俗都有极其重要价值。棠樾牌坊这些不仅给后人留下精神财富，也留下了文化艺术和建筑技术等许多方面的财富。棠樾牌坊群如图2-2-22的所示。杭黄高铁邻近棠樾牌坊群，最近距离1.433 km。

图 2-2-22　棠樾牌坊群

（三）老屋阁及绿绕亭

老屋阁及绿绕亭为国家级文物保护单位，位于安徽省徽州区西溪南镇。老屋阁,宅居名,建于明代中期,为砖木结构的二层楼房,下层矮,上层高。坐东北,朝西南,五间二进,口字形四合院,通面阔17.7 m,前进楼下明间为门厅,后进楼下明间为客厅。

绿绕亭,亭名,位于徽州区西溪南村老屋阁东南墙脚下池塘畔,建于1328年,并于1456年重修。亭平面近正方形,通面阔4 m,进深4.36 m,高5.9 m。亭结构与雕饰风格类老屋阁,惟月梁上绘有包袱锦彩绘图案,典雅工丽,有元代彩绘遗韵。亭临池一侧置"飞来椅"。

老屋阁及绿绕亭作为典型的明代徽式建筑,具有很高的历史、艺术和科学价值。历年来文物部门进行了多次维修,使这两幢明代古建筑标本得以完好地保存下来,在文明建设和科学研究中发挥着应有的作用。老屋阁及绿绕亭如图2-2-23所示。杭黄高铁邻近老屋阁及绿绕亭,最近距离1.211 km。

图2-2-23 老屋阁及绿绕亭

(四)申屠氏宗祠

申屠氏宗祠为省级文物保护单位,位于浙江省杭州市桐庐县江南镇荻浦村,是一处始建于清代的中国祠堂建筑,属于祭祀祖先和先贤的场所。坐北朝南,布局为五间三进,通面阔19.5 m,通进深45.28 m。一进前檐设八字墙,前檐明、次间为轩廊，轩廊的柱、梁枋、牛腿及梁上小斗均为青石制。二进进深十一檩。后檐明间与三进明间之间设穿廊，廊柱间施美人靠。三进进深十一檩，地面高出二进近1 m。宗祠是凝聚中华民族血缘和感情的纽带，一座座宗祠书写着各个姓氏的历史渊源，让人感受到他们变迁、发展的轨迹。申屠氏宗祠如图2-2-24所示。杭黄高铁邻近申屠氏宗祠，最近距离201 m。

图2-2-24　申屠氏宗祠

（五）湖村民居

湖村民居为省级文物保护单位，位于安徽省绩溪县伏岭镇湖村，是明代古建筑群，1998年5月，湖村民居被安徽省政府确定为省级文物保护单位。典型的传统聚落民居，在面积2 600 m²的范围内保存有数十幢清代民居建筑，布局均衡，做工讲究、工艺精致。每幢建筑上都有精美的砖雕和木雕，砖雕集中在门罩上，有"门楼街"之美称，木雕则体现在槅扇、斜撑、窗栏板、雀替、驼峰等构件上。保存较好的有余社旺宅、章祖望宅、章祖强宅、章秀珍宅等。

湖村的历史文化氛围极为浓郁，水口、水街、祠堂、民居、古树、古桥、古墓触目可见。湖村古民居素以砖雕门罩著称面世，该村的徽派砖雕门罩达14座之多,这在传统徽州一府六县自然村中是绝无仅有的,并冠以"砖雕艺术走廊"之美称。这些砖雕门罩的风格内容各不相同,就工艺水平而言,可谓精美绝伦,巧夺天工,为传统徽派所罕见,具有较高的文物研究价值。湖村民居如图2-2-25所示。杭黄高铁邻近湖村民居,最近距离558 m。

图 2-2-25 湖村民居

(六)下冯塘遗址

下冯塘遗址为县级文物保护单位,遗址位于安徽省歙县富堨镇下冯塘村,2006年由歙县人民政府批准建立,类别为新石器时代古遗址,遗址保护范围是东西宽100 m,南北长100 m;建设控制地带从窑址往北、往东各150 m。遗址出土旧石器时期器物有砍砸器、尖状器、盘状器、船形器、刻镂器、石矛等;新石器有石斧、半月形挂饰、柳叶形石镞、石凿、刮削器、雕刻器及陶器残件等。下冯塘遗址地上为农田覆盖,现场遗址不可见。下冯塘遗址如图2-2-26所示。杭黄高铁以路基形式经过下冯塘遗址县级文物保护单位的文物保护范围和建设控制地带,其中通过保护范围的线路长度为30 m,通过控制地带的长度为120 m。

图 2-2-26　下冯塘遗址

六、历史文化名村、名镇

（一）棠樾村

棠樾村位于安徽省黄山市歙县郑村镇境内，是国家级历史文化名村，以由 7 座牌坊组成的牌坊群而闻名于世。它以忠、孝、节、义的顺序相向排列，分别建于明代和清代，都是旌表棠樾人的"忠孝节义"。在牌坊群旁，还有男女二祠，建筑规模宏大，砖木石雕特别精致，近年已修复如旧。中国牌坊博物馆也在这里筹建。棠樾村是鲍氏村落，历代以经商为生。

棠樾牌坊群就是明清时期建筑艺术的代表作，建筑风格浑然一体，虽然时间跨度长达几百年，但形同一气呵成。歙县棠樾牌坊群一改以往木质结构为主的特点，几乎全部采用石料，且以质地优良的"歙县青"石料为主。这种青石牌坊坚实，高大挺拔、恢宏华丽、气宇轩昂。到了明清两代，牌坊建筑艺术也日臻完善。棠樾牌坊对研究明清时代的政治、经济、文化及建筑艺术和徽商的形成和发展，甚至民居民俗都有极其重要价值。棠樾村如图 2-2-27 所示。杭黄高铁邻近棠樾村，最近距离 1.288 km。

图 2-2-27　棠樾村

（二）唐模村

唐模村位于黄山市徽州区潜口镇境内，是国家级历史文化名村。唐模是皖南古村落中以水口、园林、水街、廊桥和古民居等建筑类型组合构成独特建筑景观的典型代表，享有"徽派古建长廊，风雅山水田园"之盛誉。

唐模古村始建于唐朝，公元923年汪华后裔绩溪汪思立迁徙定居，先后建立中汪街、太子街、太子塘等建筑，汪氏对唐王朝的恩荣不能忘却，率儿孙重返古徽州时，正值五代年间的后唐建立，其时强盛的唐王朝已不存在，汪思立与儿孙商定，决定效仿"后唐"，建立起一个标准而模范的村庄，命名"唐模"。最初时，唐模村以汪、程和吴姓为主，北宋元祐年间，有许氏来此投靠亲戚，经过数代繁衍，逐渐成唐模村最大的姓氏。

唐模村古村落的布局、选址体现了徽州天文地理即风水说中的"负阴抱阳"，记载了唐模村历代村民与自然同生共息，天人合一的朴素哲学思想。

唐模村中有檀干园、沙堤亭、同胞翰林坊、高阳桥等省级重点文物保护单位，唐模水街及水街两侧建筑组群以及水街南北巷弄所组成的网格状街巷格局，两侧的重点古民居，以及古树、古井、水圳文物遗址等。

唐模村檀干溪穿村而过，全村夹岸而居。高阳桥横跨檀干溪，沿溪两岸的水街分布着近百幢徽派建筑，民居、祠堂、店铺、油坊等，粉墙黛瓦，鳞次栉比，错落有致。"小桥、流水、人家"，似一幅清新明丽的村居山水图。唐模村如图2-2-28所示。杭黄高铁邻近唐模村，最近距离276 m。

图2-2-28　唐模村

（三）湖　村

湖村，别名太极村，位于安徽省宣城市绩溪县伏岭镇境内，是安徽省历史文化重点保护区、中国历史文化名村、世界非物质文化遗产重要传承区。

这座拥有八百多年历史的古村落，拥有诸多古桥、古亭、古民居、古祠堂、古寺、千年古树、明代吟泉街、大型砖雕门楼群等，依山而筑，逶迤伸展，宛如一幅立体的山水画卷；还保留众多名人故居（徽菜馆业创始人章祥华、作家章衣萍等），地域绝活秋千抬阁，绝奇药王石，是徽州建筑、徽州文化的活化石。

湖村阴阳两极，相拥相抱，自然环境得天独厚，缘溪河呈"S"形绕村南流，西部村落和东部田野组成天然的"太极"地貌奇观，还有三道徽州绝佳水口"狮象把门、日月当关、龟蛇拦水"，令风水学家惊叹。随着历史的变迁和人为巧合又现神奇"帝王坟"。

湖村的门楼砖雕堪称徽州之最，每一幅砖雕都是一件稀世珍宝，具有奇异变形的浪漫美。砖雕数量多，最大雕饰面积达 4.2 m²，门罩形制丰富，有书卷式、城楼式、垂花柱式等；雕刻技法娴熟，具有很强的立体感和质感效果，雕刻技艺登峰造极。雕刻内容丰富，物象生动，构图疏密得当，主题突出，是极为难得的文史资料和艺术珍品。湖村也因此被誉称"中华门楼第一村"。湖村如图 2-2-29 所示。湖村的景点包括章氏宗祠、吟泉街、门楼砖雕、药王寺、沧桑老屋、秋千抬阁等。杭黄高铁邻近湖村，最近距离 558 m。

图 2-2-29　湖村

（四）深澳村

深澳村，位于浙江省桐庐县江南镇境内，2006 年 6 月深澳村因其保存完整罕见的古建筑群落，被列为省级历史文化名村，随后又被列入国家级历史文化名村。

村中有 40 多幢堂楼屋，系明清古建筑，其中九世堂与儒林堂两幢最为古老，州牧第和志承、诒燕两座门楼别具艺术风格。村东有青云桥，地处桐庐至富阳通衢要津。桥名出于明代姚夔（kuí）《杂咏》"青云桥记"。现存石梁平桥建于清光绪年间。村东南有抗日纪念幢。

深澳古村是申屠家族的血缘村落，凭借其古老的文化，深厚的历史、文化积淀、独特的地理环境，源远留存的文物古迹，属于4A级景区江南古村落群中的一个古村。深澳村如图2-2-30所示。杭黄高铁邻近深澳村，最近距离926 m。

图2-2-30　深澳村

（五）西溪南镇

西溪南镇位于安徽省黄山市徽州区西郊。2006年5月，西溪南镇被评为安徽省历史文化名镇。2014年2月，西溪南镇入选为第六批中国历史文化名镇。2016年8月，西溪南镇入选第二批安徽省千年古镇。

西溪南古称丰溪、丰南，始成于唐，兴于宋元，鼎盛于明清，至今已有1 200多年文明史，古村落保存较完好，现有明代建筑十余处，清代民居一百多幢，拥有国家重点文物保护单位——老屋阁及绿绕亭。

西溪南镇历史文化资源丰富多样，宗教方面有关帝庙，历史与传说方面有抗战基地琶塘、黄山义义会馆、观音桥，古建筑有老屋阁及绿绕亭、麻将巷、钓雪园等，历史文物有千年古银杏、古桂花、竹坞凤鸣、余清斋、聚景堂、潘氏名宅、刘氏古宅、思睦祠遗址、姚氏古宅，历史街巷有上街、中街、下街、溪边街、十字街、绿绕亭巷、进士巷、同知巷、更夫巷、当铺巷。西溪南镇如图2-2-31所示。杭黄高铁沿富春江、千岛湖南线方案邻近西溪南历史文化名镇规划范围，与协调发展区最近距离60 m。

图 2-2-31　西溪南镇

七、古树名木

1. 萧山区

萧山区共有古树名木 633 株，分布在 17 个镇、街、场，其中樟树最多，有 441 株；树龄在 500 年以上的古树有 63 株，名木 1 株。

2. 富阳区

富阳区共有古树名木 3 301 株，其中散生古树名木 2 886 株，古树群 16 个，计 415 株，隶属 27 科 43 属 50 种。其中国家一级保护植物 141 株，国家二级保护植物 423 株，国家三级保护植物 2 737 株。

3. 桐庐县

桐庐县共有古树名木 2 002 株，其中散生古树名木 1 703 株，古树群 14 个，计 299 株，隶属 32 科 48 属 59 种。其中有国家一级保护植物红豆杉科的南方红豆杉 19 株，国家二级保护植物有银杏科的银杏 143 株、松科的金钱松 11 株、漆树科的黄连木 56 株。

4. 建德市

建德市共有古树名木 5 888 株，其中散生古树名木 1 018 株，古树群 47 个，计4 870株。其中国家一级保护植物241株,国家二级保护植物750株,国家三级保护植物4 886株。

5. 淳安县

淳安县名木古树资源丰富,百年以上的古树有4 463株,隶属于39科67属100种,其中散生古树名木2 370株,古树群104个,计2 093株。经鉴定属国家重点保护的珍稀树种有1 136株,其中南方红豆杉117株,樟树867株,榧(fěi)树262株,金钱松3株,香果树3株,榉树2株。

6. 临安区

临安区共有古树名木10 169株,其中散生古树名木2 604株,古树群99个,计7 565株。其中国家一级保护植物795株,国家二级保护植物419株,国家三级保护植物8 954株。

7. 黄山市

黄山市共有古树名木11 705株,分属植物29科80属148种。其中树龄在500年以上一级保护植物267株;树龄在300年以上不满500年二级保护植物1 562株;树龄在100年以上不满300年三级保护植物9 789株,名木87株。

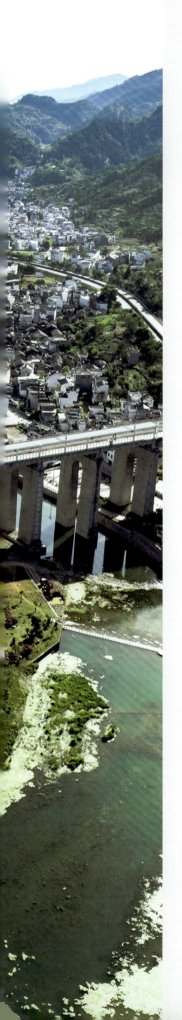

第 三 章
选线选址、生态优先

　　杭黄高铁沿线青山绿水，生态秀美，环境敏感区较多，环保选线与选址以"优先避让、重在保护、实现共赢"为总体设计原则，以绕避自然保护区、风景名胜区、水源保护区等环境敏感区域为前提，线路方案经环保选线综合优化后，绕避了20处重要生态敏感目标，做到了最大限度靠近风景名胜，最小程度产生生态影响，最强力度实施生态修复。严格执行弃渣场选址原则，从设计源头杜绝弃渣对风景区产生影响和对下游敏感对象的安全风险。杭黄高铁贯彻弃渣综合利用理念，利用率高达79%，有效减少弃渣数量和扰动面积，进一步降低对铁路沿线环境的生态影响，从源头控制水土流失危害，是保持水土、资源化利用、节约投资的新突破。

第一节　选线与选址原则

杭黄高铁环保选线准确定位项目功能，统筹沿线区域规划、经济发展、旅游开发、文化传播等，严格执行"优先避让、重在保护、实现共赢"的环保选线选址总体设计原则，优先绕避自然保护区、风景名胜区、水源保护区等环境敏感区域，线路最大限度靠近风景名胜，助力地方旅游资源开发；局部线路方案优化，力争将高铁建设对周边生态环境影响降低到最小程度；采用有针对性的生态修复措施，使得高铁与沿线自然相协调。

一、环保选线选址总体原则

铁路选线的总体原则是在符合项目功能定位，保证工程安全和可实施性的前提下，统筹考虑线路顺直性、运输组织顺畅，并应符合沿线地区城镇体系规划、城市总体规划，有利于节约自然资源、保护生态环境、防治环境污染。杭黄高铁在前期方案研究过程中，严格执行"优先避让、重在保护、实现共赢"的总体原则，具体包括以下两个方面：

1. 加强研究范围内环境敏感区的调查，筛查控制性因素，对法律法规禁止穿越的自然保护区核心区和缓冲区、饮用水水源保护区一级区、风景名胜区核心景区等区域予以绕避；对自然保护区的实验区、风景名胜区核心景区外的其他景区、饮用水水源保护区一级区外的其他等级保护区以及森林公园、地质公园、重要湿地、天然林、珍稀濒危野生动植物天然集中分布区、重要水生生物的自然产卵场、索饵场、越冬场和洄游通道、天然渔场等环境敏感区尽量予以绕避。

2. 铁路选线选址对水土流失重点预防区和重点治理区尽量予以绕避，取土（石）场严禁设置在崩塌滑坡危险区和泥石流易发区，弃渣场严禁设置在对公共设施、基础设施、工业企业、居民点等有重大影响的区域。

二、环保选线原则

1. 国家对涉及自然保护区、风景名胜区、世界文化和自然遗产地、饮用水水源保护区等环境敏感区的工程建设进行了严格的规定。

依据《中华人民共和国自然保护区条例》《风景名胜区条例》《中华人民共和国水污染防治法》等国家法律法规以及《生产建设项目水土保持技术标准》《水土保持工程设计规范》等标准规范，铁路工程选线、选址必须绕避自然保护区的核心区和缓冲区、风景名胜区的核心景区、世界文化和自然遗产地、饮用水水源一级保护区。在饮用水水源二级保护区不得设置排放污染物的生产设施。在自然保护区实验区不得设置污染环境、破坏资源或景观的生产设施。在县级以上人民政府划定的崩塌和滑坡危险区、泥石流易发区内，河道、湖泊管理范围内不得设置取土（石、料）场。

2. 除了铁路工程不得进入的区域外，《中华人民共和国环境保护法》《中华人民共和国水污染防治法》《中华人民共和国自然保护区条例》《风景名胜区条例》《国家级森林公园管理办法》《地质遗迹保护管理规定》《国家湿地公园管理办法（试行）》等环境、资源保护法律法规，对自然保护区的实验区、风景名胜区核心景区外的其他景区、森林公园、地质公园、重要湿地、天然林、珍稀濒危野生动植物天然集中分布区、重要水生生物的自然产卵场、索饵场、越冬场和洄游通道、天然渔场、水产种质资源保护区，以及饮用水水源一级保护区外的其他等级保护区等环境敏感区内工程建设提出了严格的要求，有条件的尽量予以绕避。

3. 根据《中华人民共和国城乡规划法》关于我国城乡规划层级的划分以及"城市、镇规划区内的建设活动应当符合规划要求"的规定，铁路工程选线、选址应与城市、镇规划和环境保护规划相协调。

4. 《中华人民共和国水土保持法》第三章第二十四条明确规定"生产建设项目选址、选线应当避让水土流失重点预防区和重点治理区"。《生产建设项目水土保持技术标准》要求"主体工程选址（线）应避让水土流失重点预防区和重点治理区、河流两岸、湖泊和水库周边的植物保护带，同时避让全国水土保持监测网络中的水土保持监测站点、重点试验区、国家确定的水土保持长期定位观测站"。因此铁路工程选线、选址应避让水土流失重点预防区和重点治理区、河流两岸、湖泊和水库周边的植物保护带及全国水土保持监测网络中的水土保持监测站点、重点试验区。

三、弃渣场选址原则

依据《中华人民共和国自然保护区条例》《风景名胜区条例》《中华人民共和国水污染防治法》等国家法律法规以及《生产建设项目水土保持技术标准》《水土保持工程设计规范》等标准规范，总结弃渣场选址原则如下：

1. 不得在自然保护区、饮用水水源保护区、风景名胜区、世界文化和自然遗产地、森林公园、地质公园、湿地公园、生态保护红线、文物保护单位等环境敏感区保护范围内（区外临近设置应离其红线边界滑距 L 大于 $8H$，H 为渣场顶、环境敏感区红线边界之间的高程差），以及县级以上人民政府划定的崩塌和滑坡危险区、泥石流易发区范围内设置弃渣场。

2. 不应在国际和国家重要湿地、基本农田、生态公益林、沿海滩涂等敏感区域内设置弃渣场。

3. 不应在河道、湖泊管理范围及水库最高蓄水位淹没线内设置弃渣场。涉及河道的，应符合治导线规划及防洪行洪的规定。

4. 弃渣场选址应避开铁路线路安全保护区，不得对隧道、桥梁产生偏压影响。

5. 弃渣场上游 100 m，下游 1 000 m 范围内不宜有重要基础设施（铁路、省级以上公路等）、公共设施（学校、医院、敬老院、国家机关等）、工业企业、居民点。

若弃渣场选取困难，则距敏感建筑物的滑距 l 大于 $8h$（h 为渣场顶、敏感建筑物之间的高程差）的可以设置，但相关专业应从渣场位置、类型、汇水面积、最大容量、堆渣方案和上下游的重要基础设施、公共设施及民居情况、渣场失事危害程度等，开展安全分析和论证，即稳定性评估。

6. 弃渣场上游汇水面积不宜大于 1 km^2。若弃渣场选取困难，须做好排水及防冲刷设施，防止冲垮坍塌。

7. 根据水土保持设施验收要求，弃渣场堆渣量不宜大于 50 万 m^3，最大堆渣高度不宜大于 20 m。

8. 所有弃渣场地基均应提供地质资料。根据《生产建设项目水土保持技术标准》及相关管理部门的具体要求，当弃渣场地处平原、谷地等可能存在地基软弱土层影响场地稳定，或弃渣场堆渣量大于 10 万 m^3，以及设支挡结构的弃渣场均应进行地质勘探，提供地质勘察资料。

9. 对填料缺乏和填料不满足设计要求地段，应由项目总体牵头，线路、站场、地路、工经等专业配合，进行路基填料方案的技术经济比选。

10. 土石方平均运距山区超过 5 km，丘陵地区超过 10 km，平原地区超过 20 km 的弃渣场应有技术经济方案比选。

第二节　环保选线

杭黄高铁沿线分布国家级自然保护区3处，国家和省级风景名胜区3处，国家和省级森林公园14处，饮用水水源保护区6处，文物保护单位10处，历史文化名村、名镇6处，5A级风景区有7处，4A级风景区有56处，环境敏感区众多。勘察设计阶段，严格执行"优先避让、重在保护、实现共赢"的环保选线总体原则，线路方案经环保选线综合优化后，绕避了安徽清凉峰国家级自然保护区、大奇山国家森林公园、棠樾牌坊群等20处环境敏感目标，取得较好的环境效益。

一、杭黄高铁选线概述

（一）杭黄高铁功能定位

杭黄高铁杭州至黄山之间的经济据点包括临安、富阳、桐庐、建德、淳安、绩溪、歙县等7个县（市），其中绩溪人杰地灵，有湖村、龙川景区、胡雪岩纪念馆、胡宗宪尚书府等风景区，淳安县是"两江一湖"国家级风景名胜区的核心景区，全国三大山水风光带之一的富春江从桐庐及富阳经过。工程沿线及周边地区旅游资源极为丰富，黄山市拥有以黄山为代表的秀美自然风光和以徽文化为代表的人文旅游资源，是全国唯一拥有两处世界遗产的省辖市，全国首批十个文明景区之首，也是中国最具有开发潜力和开发价值的旅游经济区之一；杭州西湖，国家5A级旅游景区，是一处以秀丽清雅的湖光山色与璀璨丰蕴的文物古迹和文化艺术交融一体的国家级风景名胜区，也是"中国十大风景名胜"之一。旅游产业发展已经成为地区社会经济的支柱产业。

杭黄高铁的功能地位是串联名城（杭州）、名江（富春江）、名湖（千岛湖）、名山（黄山）等著名风景旅游区的旅游铁路，是沪浙与中西部地区联系的辅助通路，是皖南、浙西地区融入长三角地区的重要交通基础设施，是长三角地区城际铁路网的延伸，是国家高速铁路网的重要组成部分，对推动长三角地区一体化发展、促进沿线旅游资源开发和文化交流、推动区域经济协调发展和建设社会主义和谐社会具有重要意义。

（二）杭黄高铁工程选线

杭黄高铁的功能定位是以旅游观光为主的客运专线，这决定了其线路走向应尽可能经由人口聚集地，在客流量较大的城镇设置车站，以吸引客流。工程线路走向及车站设置在兼顾沿线经济据点及风景名胜区旅游开发的同时，还需统筹考虑线路顺直性、运输组织、工程可实施性，并应符合沿线地区城镇体系规划、城市总体规划。

在通过绕避采空区、滑坡等重大不良地质地段提高工程可靠度、降低工程风险、保证工程安全和可实施性的前提下，促进沿线地区旅游经济深入发展、旅游资源的深度整合，实现集约节约利用资源、保护生态环境、防治环境污染，是杭黄高铁所确定的选线、选址总体原则。具体要求包括：

1. 地质选线。杭黄高铁沿线地形和地质条件较复杂，线路方案选择需注意地质选线，绕避采空区、滑坡等重大不良地质地段，提高工程可靠度，降低工程风险。

2. 工程、经济选线。工程线路走向需尽可能经由主要客流集散点，在客流较大的城镇设置车站，以吸引客流。在确定站址、绕避重大障碍，保证工程安全和可实施性的前提下，尽可能使线路顺直、短捷。

3. 规划选线。杭黄高铁选线服从沿线经济发展和交通规划要求，车站选址结合线路走向，将城市总体规划、交通专项规划、土地利用规划等因素综合比选，与系列规划相协调。本项目定位旅游线，沿线旅游资源丰富，线路走向考虑客流量，尽可能靠近风景名胜，优先过境客流量大的地方，以促进当地旅游资源开发和文化交流。

（三）杭黄高铁环保选线

杭黄高铁环保选线坚持"优先避让、重在保护、实现共赢"的理念，最大限度靠近风景名胜，最小程度产生生态影响，最强力度实施生态修复。

1. 在充分考虑满足项目的功能定位，遵循既定选线原则的基础上，杭黄高铁线路方案确定过程中注重对区域自然景观和人文资源的保护，将沿线地区各类生态环境敏感目标作为控制工程线路走向的重要因素予以考虑。严格控制人为因素对自然生态和文化自然遗产原真性、完整性的干扰，尽可能绕避自然保护区、风景名胜区、世界文化和自然遗产地、饮用水水源保护区等环境敏感区域；同时充分考虑土地资源的集约节约利用，尽量与既有交通设施共用走廊，尽量减少耕地占用、不占良田。

工程在前期研究过程中，通过方案优化，线路北线方案和南线方案共计绕避了安徽清凉峰国家级自然保护区、大奇山国家森林公园、棠樾牌坊群等20处环境敏感目标（自然保护区1处，森林公园5处，文物保护单位9处，历史文化名村、镇5处）。

2. 对于工程线路方案无法绕避的环境敏感目标，勘察设计过程中，均依法依规征求了有关主管部门的意见，并取得相应的许可文件。

二、杭黄高铁线路总体方案研究

（一）总体线路方案概况

杭州至黄山之间经济据点包括沿富春江、千岛湖分布的富阳区、桐庐县、建德市、淳安县，以及靠近杭徽高速公路的临安区，经济据点南北相距较远。考虑线路的功能定位以及顺直性要求，结合区域内城市区位，线路总体走向研究了沿富春江、千岛湖经富阳、桐庐、建德、淳安的南线方案和沿杭徽高速公路经临安的北线方案。

1. 南线方案

线路自杭州东站引出，经杭州南站南端疏解区出岔后尽量取直至富阳，经富阳并沿富春江南岸至桐庐，经桐庐后跨富春江至建德、淳安，向西北至安徽省绩溪县与拟建的京福铁路、皖赣新双线共设新绩溪北站。比较范围内线路正线建筑长度（杭州南站南端至绩溪北站北端）216.325 km，运营长度（杭州东站至绩溪北站北端）240.425 km。

2. 北线方案

线路出杭州后，至余杭镇附近跨越杭徽高速公路，然后沿高速公路南侧走行至临安附近设临安站，出站后继续沿高速公路南侧走行，至昌化镇附近再次跨越杭徽高速公路，然后沿高速公路北侧走行至绩溪，比较范围内的正线建筑长度（宁杭铁路杭州北线路所至绩溪北站北端）169.2 km，运营长度（杭州东站至绩溪北站北端）174.8 km。另加杭州枢纽沪黄直通线 19.4 km，建筑长度共计 188.6 km，如图 3-2-1 所示。

图 3-2-1　杭黄高铁线路总体走向方案示意图

（二）总体线路方案环境比选

北线方案线路仅经过临安一个经济据点，不利于吸引客流，经济效益和社会效益较差。南线方案线路经过富阳、桐庐、建德、淳安四个经济据点，并间接吸引建德市，有利于吸引沿线富春江、千岛湖黄金旅游带的客流，可促进沿线地方的经济发展，项目的经济效益和社会效益明显较北线方案好，同时杭黄高铁主要车流方向黄山至上海方向客车无需折角，充分利用杭州站、杭州东站、杭州南站的客运设施，符合地方要求和城市规划。因此，依据项目"旅游铁路"的功能定位，综合经济效益和社会效益分析，本着"优先避让、重在保护、实现共赢"的环保选线总体理念，推荐南线为项目线路走向贯通方案，总体线路走向为杭州—富阳—桐庐—淳安—绩溪—黄山。

三、"两江一湖"国家级风景名胜区路段总体线路方案环保选线

（一）"两江一湖"国家级风景名胜区路段总体线路方案说明

1. "两江一湖"国家级风景名胜区路段总体线路走向

杭黄高铁的建设是区域整合旅游资源、拓展旅游市场，促进旅游产业大发展

的需要，"旅游铁路"是其一项重要的功能定位，建设杭州至黄山高速铁路，可以大幅提高区域交通运输能力和服务水平，构筑起名城（杭州）、名江（富春江）、名湖（千岛湖）、名山（黄山）等著名风景旅游景点的黄金旅游线，因此铁路在富阳、桐庐、建德、淳安等地设站是十分必要的。据此确定杭黄高铁浙江省内线路的基本走向为杭州、萧山、富阳、桐庐、建德、淳安，以串联"富春江—新安江—千岛湖风景名胜区"的旅游带。由于"富春江—新安江—千岛湖风景名胜区"面积广，呈东西带状分布，铁路在富阳、桐庐、建德、淳安设置车站必然难以避开"富春江—新安江—千岛湖风景名胜区"的范围。

《富春江—新安江风景名胜区总体规划（1988—2000年）》编制较早，未将本工程纳入总体规划中。杭州市政府于2008年完成新的总体规划，2010年通过住建部审查。本工程线路与规划景区的相对位置关系如图3-2-2所示。

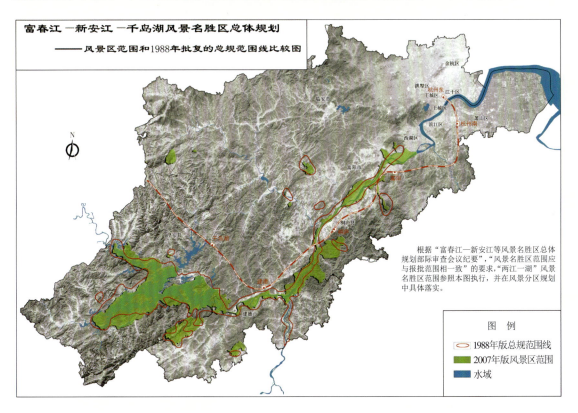

图3-2-2　杭黄高铁线位与"两江一湖"风景名胜区规划范围位置关系对比

2. 比选方案概述

通过环保选线，工程在淳安、建德路段基本绕避了风景区范围。为进一步减少和控制对"富春江—新安江—千岛湖风景名胜区"的影响，优化工程在景区的建设方案，在该路段研究了富阳及桐庐江南设站（简称江南方案）、富阳及桐庐江北设站（简称江北方案）两个方案，富阳至桐庐线路走向方案示意如图3-2-3所示。

图 3-2-3 富阳至桐庐线路走向方案示意图

（1）富阳及桐庐江南设站方案（简称江南方案）

江南方案线路出富阳区大盘山后，西行下穿杭千高速公路至富阳区大源镇设富阳站，出站后折向西南，沿杭千高速公路北侧走行，出锣鼓山后跨杭千高速公路，沿杭千高速公路南侧走行，经常安镇西面后再跨杭千高速公路至桐庐，在桐庐江南新城区设桐庐站，继续与杭千高速公路并行同时跨越富春江，过江后沿杭千高速公路至建德方案终点，线路全长 70.487 km。

（2）富阳及桐庐江北设站方案（简称江北方案）

江北方案线路出富阳区大盘山后，向西从省级天钟山风景区北侧边缘穿天钟山，在富阳区中埠大桥上游 1.5 km 处跨越杭千高速公路、富春江，横穿富阳区鹿山街道南端设富阳站，出站折向西南，下穿新建 G320 道冠山隧道，跨渌渚江，穿尖峰登城水泥有限公司南端至桐庐，在桐庐县城东北 7 km 处梅蓉村设桐庐站，继续沿江北侧，折向西，在红狮水泥有限公司南侧、三狮水泥有限公司北侧矿石运输隧道出口处穿越，跨分水江折向西南，经建德钦堂至方案终点，线路全长 74.818 km。

（二）"两江一湖"国家级风景名胜区路段总体线路方案环保选线比选分析

（1）线路方案通过风景区概况

江南方案通过风景区概况见表 3-2-1，江北方案通过风景区概况见表 3-2-2。

江南方案通过风景区外围控制地带计 28 750 m，通过景区范围 17 500 m；江北方案通过风景区外围控制地带计 17 580 m，通过景区范围 17 240 m；江北方案较江南方案通过景区范围长度相对较少。

表 3-2-1　江南方案通过风景区概况

线路里程	长度（m）	所属行政区	所属功能区
CK57+050～CK64+420	7 370	富阳（总长 24 800 m，外围控制地带计 17 550 m，景区范围计 7 250 m）	外围控制地带
CK64+420～CK70+020	5 600		孙权故里景区
CK70+020～CK75+200	5 180		外围控制地带
CK77+800～CK82+800	5 000		外围控制地带
CK82+800～CK84+450	1 650		孙权故里景区
CK84+450～CK87+020	2 570	桐庐（总长 21 450 m，外围控制地带计 11 200 m，景区范围计 10 250 m）	孙权故里景区
CK87+020～CK90+880	3 860		外围控制地带
CK98+510～CK100+450	1 940		外围控制地带
CK100+450～CK108+130	7 680		白云源景区
CK108+130～CK113+530	5 400		外围控制地带
合计	46 250	外围控制地带计 28 750 m，景区范围计 17 500 m	

表 3-2-2　江北方案通过风景区概况

线路里程	长度（m）	所属行政区	所属功能区
CK57+960～CK63+380	5 420	富阳（总长 18 330 m，外围控制地带计 14 810 m，景区范围计 3 520 m）	外围控制地带
CK63+380～CK66+520	3 140		孙权故里景区
CK66+520～CK70+830	4 310		外围控制地带
CK89+660～CK94+740	5 080		外围控制地带
CK94+740～CK95+120	380		桐君山景区
CK95+120～CK108+840	13 720	桐庐（总长 16 490 m，外围控制地带计 2 770 m，景区范围计 13 720 m）	桐君山景区
CK108+840～CK111+610	2 770		外围控制地带
合计	34 820	外围控制地带计 17 580 m，景区范围计 17 240 m	

（2）环境影响分析

环境影响分析对照见表 3-2-3。

生态杭黄

表3-2-3 富阳至桐庐段线路方案环境影响简要分析表

影响因素	富阳及桐庐江南设站方案	富阳及桐庐江北设站方案	影响比较
重要保护区	江南方案通过"富春江—新安江—千岛湖风景名胜区"外围控制地带计28 750 m，通过景区范围17 500 m；线路以桥梁、路基和隧道方式穿越风景名胜区，不占用核心景区，景区内线路相对较长，工程建设对景区环境有一定影响	江北方案通过风景区外围控制地带计17 580 m，通过景区范围17 240 m；线路以桥梁、路基和隧道方式穿越风景名胜区，不占用核心景区，景区内线路相对较短，工程建设对景区环境有一定影响	江北方案较江南方案通过景区范围长度相对较少
	以桥梁跨越富春江桐庐饮用水水源保护区；穿越二级保护区总长度910m，其中水域710m，陆域200 m	以桥梁跨越富春江桐庐饮用水水源保护区；穿越二级保护区总长度1.35 km，其中水域540 m，陆域810 m	各方案基本一致
噪声、振动	敏感点数量46处，影响人数共约10 250人，在采取声屏障、隔声窗等措施后噪声振动影响可控	敏感点数量18处，影响人数共约4 000人，在采取声屏障、隔声窗等措施后噪声振动影响可控	江北方案较江南方案噪声敏感点相对较少；各方案在采取声屏障、隔声窗等措施后噪声振动影响可控
水环境	富阳、桐庐站污水处理后达标排放	富阳、桐庐站污水处理后达标排放	各方案一致
固体废物	生活垃圾由当地环卫部门统一处理	生活垃圾由当地环卫部门统一处理	各方案一致
电磁辐射	电气化铁道接触网所产生的电磁辐射不会影响人体健康	电气化铁道接触网所产生的电磁辐射不会影响人体健康	各方案一致
征地、拆迁安置	拆迁建筑物27 483 m²，征地148.1 hm²	拆迁建筑物12 049 m²，征地107.8 hm²	江北方案占用土地、拆迁房屋少
水土保持	土石方207万m³，采取工程及植物防护措施后水土流失可控。隧道30座19 996延米	土方106万m³，采取工程及植物防护措施后水土流失可控。隧道40座49 313延米	江北方案较江南方案隧道多、弃渣量大，损坏水土保持设施及可能产生的新增水土流失量明显要大
工程地质条件	所经过地区以富春江高阶地为主，同富春江以低山丘陵为主，局部分布丘陵区	江北方案以丘陵、中低山为主，同富春江及其各支流低级阶地、丘陵及中低山区地形起伏，大部分地带工程地质条件差	总体来看江南方案以低山丘陵为主，相对而言江北地形较为复杂。江南方案在工程地质条件方面占优
地方城市规划	江南方案线路下穿杭千高速公路进入大源镇城区南侧，紧贴杭千高速公路设富阳站，避开了大源镇城区的整体性，对规划城区基本无影响。桐庐线路基本沿杭千高速公路北侧在桐庐主城区南侧边缘通过，对既有城市规划边缘有一定的影响	避开了富阳区江南其各支流及富春江中埠公路大桥桥位，结合既有320国道中埠鹿山分区，线路需中穿鹿山分区，考虑鹿山分区居住区，对城市规划有一定影响。新建桐庐站位置远离城市各分区目既有旅客通配套设施，交通极其不便，不利于旅客的出行和吸引客流，需增加地方的交通配套工程，地方政府反对	江北方案与桐庐地方规划不协调，地方政府表示反对
工程静态投资	75.4736亿元	84.2476亿元	方案少9.3亿元
有关保护区主管部门意见	住建部原则同意杭州至黄山铁路涉及风景名胜区（富阳及桐庐江南的线路方案）	住建部原则同意杭州至黄山铁路涉及风景名胜区（富阳及桐庐江南的线路方案）	

（3）环境影响综合比选

从固体废物、电磁辐射、噪声、振动、污水排放等污染影响而言：江北方案与江南方案影响基本一致。

从水土保持而言：江南方案土石方 207 万 m^3，隧道 30 座 19 996 延米；江北方案土石方 106 万 m^3，隧道 40 座 49 313 延米；虽然在采取工程及植物防护措施后两方案的水土流失均可控，但江北方案隧道多，弃渣量大，损坏水土保持设施及可能产生的新增水土流失量明显要大。

从节约土地资源、拆迁安置而言：江南方案拆迁建筑物 27 483 m^2，征地 148.1 hm^2；江北方案拆迁建筑物 12 049 m^2，征地 107.8 hm^2；江北方案占用土地、拆迁房屋要少。

从工程地质条件而言：江南方案所经过地区以富春江高阶地为主，局部分布丘陵及低山，丘陵及低山坡麓地带自然坡度较缓；而江北方案以丘陵、中低山为主，富春江及其各支流河流阶地，丘陵及中低山区地形起伏，大部分地带山势陡峭；江南方案在工程地质条件方面占优。

从地方城市规划等因素考虑：江南方案线路下穿杭千高速公路进入大源镇城区南侧，紧贴杭千高速公路设富阳站，避开了大源镇中心城区，维持了大源镇城区的整体性，对规划基本无影响。江南方案线路基本沿杭千高速公路北侧在桐庐走行，桐庐站设在江南主城区南侧 3 km 处，在高速公路北侧、主城区南侧边缘通过，对既有城市规划基本无影响。江北方案避开了富阳区江南春江工业园区，但受富春江三级航道控制，结合既有 320 国道中埠公路大桥桥位，线路需中穿鹿山分区，考虑鹿山分区定位为行政、居住区，对城市规划有一定影响。江北方案新建桐庐站位置远离城市各分区且地方无交通配套设施，交通极其不便，不利于旅客的出行和吸引客流，需增加地方的交通配套工程。

综上所述，两方案均通过"富春江—新安江—千岛湖风景名胜区"，其中江南方案与杭千高速公路共交通走廊，工程措施和景观设计可最大限度地节约用地和控制对环境的不良影响；江北方案沿富春江北侧山区以隧道穿行，隧道的开挖会对山体植被造成破坏、并有可能造成工程范围内地下水资源的漏失和污染，同时隧道施工需征占大量临时用地用于堆放隧道弃渣，弃渣场防护不当易造成水土流失，对环境影响较大。

因此，从资源节约、环境保护角度考虑，富阳及桐庐江南设站方案（江南方案）优于江北设站方案，江南方案为工程最终实施方案。

（三）"两江一湖"国家级风景名胜区路段局部线路方案优化环保选线比选分析

项目建设前期，按照国务院对铁路安全评估批复意见及杭黄高铁前期工作推进情况，建设单位组织进行了杭黄高铁深化设计，重点对"两江一湖"国家级风景名胜区路段局部线路方案进行优化，以最大限度减轻工程建设可能对风景区造成不良环境影响。

1. 线路优化情况说明

线路方案优化前，经过风景区规划范围合计 62.25 km，其中外围保护地带 44.75 km，风景区 17.50 km。通过对局部线路方案优化，风景区内线路长度为 61.941 km，较优化前减少 309 m，其中穿越外围控制地带 44.443 km（其中隧道 21.430 km、路基 4.450 km、桥梁 18.563 km），穿越景区范围 17.498 km（其中隧道 2.128 km、路基 2.800 km、桥梁 12.570 km）。

设计单位对四段线路进行了线位局部优化，优化前后线位均不穿越风景名胜区核心保护区。优化线路横向最大偏移 331 m，总体上是向远离风景名胜区方向移动。通过对线位优化，进一步降低了工程建设对风景区的不良影响，线位优化前后路线在"两江一湖"风景区内长度统计见表 3-2-4，线路经过"两江一湖"风景区变化路段一览表见表 3-2-5。

表 3-2-4 线位优化前后线路在"两江一湖"风景区内长度统计表

项目	富阳		桐庐		建德		淳安		小计	
	调整前	调整后	调整前	调整后	调整前	调整后	调整前	调整后	调整前	调整后
风景区内长度（km）	7.25	7.25	10.25	10.248	0	0	0	0	17.50	17.498
外围保护地带内长度(km)	17.55	17.551	11.20	11.222	3	2.67	13	13	44.75	44.443
合计（km）	24.80	24.801	21.45	21.47	3	2.67	13	13	62.25	61.941

表 3-2-5 线路经过"两江一湖"风景区变化路段一览表

线路方案名称	风景区长度（m）		外围控制地带长度（m）		长度变化（m）		环境影响分析
	调整前	调整后	调整前	调整后	风景区	外围控制地带	
富阳站西端线路方案	3 488	3 488	1 267	1 258	0	−9	该路段属富阳车站西端段变化范围，线路横向偏移最大距离 91 m，优化调整后线路在孙权故里景区外围控制地带范围内采取更加远离核心景区的方案，线路沿高速公路行进，所经区域以村镇居民点为主，人为影响较大，临近"天钟山景区"路段有山体，线路更加远离天中山景区的核心景区，对风景区的影响趋于减缓

续上表

线路方案名称	风景区长度（m）调整前	风景区长度（m）调整后	外围控制地带长度（m）调整前	外围控制地带长度（m）调整后	长度变化（m）风景区	长度变化（m）外围控制地带	环境影响分析
富阳桐庐分界线路方案	2 032	2 030	8 403	8 435	−2	+32	该路段属富阳桐庐分界段变化范围，线路最大横向移动距离163 m，优化调整后线路穿越孙权故里景区外围控制地带线路长度增加32 m，但穿越景区范围的线路长度减少2 m，且较原线位远离荻浦村，减少了拆迁量，线路沿高速公路行进，在荻浦村处跨越高速公路，所经区域以村镇居民点为主，人为影响较大，局部路段有山体，缓解了对景区的影响
建德站东端线路方案	0	0	3 000	2 670	0	−330	该路段属建德站东端段变化范围，优化调整后线路整体向北偏移，最大偏移距离达到331 m，在白云源景区外围控制地带内长度缩短330 m，对风景区的影响趋于减缓
新安江隧道线路方案	0	0	7 940	7 940	0	0	该路段属新安江隧道变化范围，该段现场详细勘察地形较困难，影响隧道进出口工程，对线路进行了向北平移优化，优化后线路过外围保护地带范围的长度保持不变，但更加远离东北湖景区范围，最大偏移距离达到300 m，对风景区的影响趋于减缓

2. 线路优化方案环境影响分析

（1）富阳站西端线路方案优化

富阳站西端线路方案优化即CK61+750～CK67+500段，原设计线路长度5.774 km，优化调整后线路长度5.750 km。富阳站西端线路方案优化调整前后与"两江一湖"规划范围位置关系如图3-2-4所示。

图3-2-4 富阳站西端线路方案优化调整前后与"两江一湖"规划范围位置关系

该段线路通过将原设计4 500 m的曲线半径调整为3 500 m，使线路向远离风景名胜区方向（即向高速公路靠近）移动，最大移动距离91 m。优化调整后，线路长度减少24 m，房屋拆迁减少2.5万m²，不仅降低了工程实施难度和工程投资，同时由于线路进一步远离了风景名胜区，减少了对风景名胜区的影响。另外，临近"天钟山景区"路段有山体，线路更加远离天中山景区的核心景区，对风景区的影响趋于减缓。具体环境影响分析对照见表3-2-6。

表3-2-6 富阳站西端线路方案环境影响对照表

序号	影响因素		原方案	现方案	影响比较
1	线路长度（km）		5.774	5.750	现方案略优
2	工程内容		桥隧比72.4%	桥隧比73.3%	—
3	工程投资（亿元）		6.35	5.98	现方案优
4	拆迁房屋（hm²）		16.37	13.85	现方案优
5	是否涉及生态敏感区		线路均通过"两江一湖"风景名胜区范围，不涉及自然保护区、水源保护区等重要环境敏感点		影响相当
6	生态影响	征用土地（hm²）	19.5	18.8	现方案优
7	生态影响	水土保持	土石方57.5万m³，采取工程及植物防护措施后水土流失可控	土石方55.2万m³，采取工程及植物防护措施后水土流失可控	现方案优
8	生态影响	生物量损失	352	316	现方案优
9		生境阻隔影响	不明显	不明显	影响相当
10		施工便道	在铁路用地范围内设置	在铁路用地范围内设置	影响相当
11		地下水	段内主要工程为桥梁、路基工程。地貌形态为平原，岩性主要为侏罗系上统黄尖组（J3h）流纹斑岩，地下水主要为第四系孔隙潜水，较发育；地表水主要为径流、水塘发育。对地下水环境影响很小	段内主要工程为桥梁、路基工程。地貌形态为平原，岩性主要为侏罗系上统黄尖组（J3h）流纹斑岩，地下水主要为第四系孔隙潜水，较发育；地表水主要为径流、水塘发育。对地下水环境影响很小	影响相当
12		噪声振动	敏感点5处，在采取声屏障、隔声窗等措施后噪声影响可控，振动达标	敏感点5处，在采取声屏障、隔声窗等措施后噪声影响可控，振动达标	影响相当
13		城市规划	—	—	影响相当
14		环境风险	无环境风险源		影响相当
15		地质条件	两方案地形条件与地层岩性相同		影响相当
16		地方政府部门意见	—	地方政府支持	现方案优

（2）建德站东端线路方案优化

建德站东端线路方案优化即 CK128+400～CK135+800 段，原设计线路长度 7.400 km，优化调整后线路长度 7.319 km。建德站东端线路方案优化调整前后与"两江一湖"规划范围位置关系如图 3-2-5 所示。

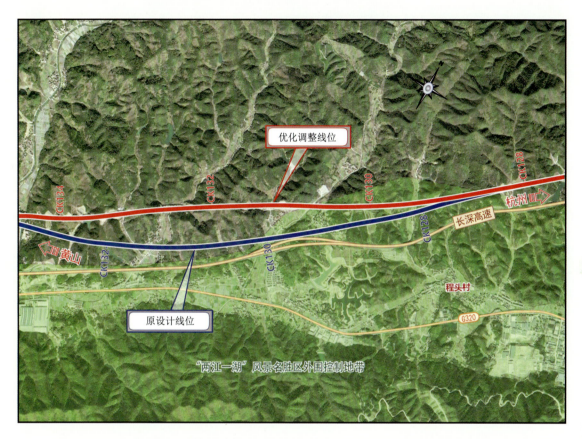

图 3-2-5　建德站东端线路方案优化调整前后与"两江一湖"规划范围位置关系

该段线路原线位在建德境内穿越"两江一湖"风景名胜区外围控制地带约 3 km，优化调整后，线位北移 35 m，最大偏移 331 m，在景区外围控制地带内长度缩短 330 m，整体远离高速公路及两江一湖风景名胜区，降低了对风景区的影响。优化后环境影响分析对照见表 3-2-7。

表 3-2-7　建德站东端线路方案环境影响对照表

序号	影响因素	原方案	现方案	影响比较
1	线路长度（km）	7.4	7.319	现方案优
2	工程内容	桥隧比 76.5%	桥隧比 73.6%	—
3	工程投资（亿元）	6.15	6.00	现方案优
4	拆迁房屋（hm²）	1.27	1.14	现方案优

续上表

序号	影响因素		原方案	现方案	影响比较
5	是否涉及生态敏感区		线路穿越"两江一湖"风景名胜区外围控制地带3 000 m，不涉及自然保护区，涉及长宁溪二级水源保护区范围（距离一级保护区边界200 m）	线路穿越"两江一湖"风景名胜区外围控制地带2 670 m，涉及长宁溪二级水源保护区范围（距离一级保护区边界395 m）	现方案优
6	生态影响	征用土地（hm^2）	26.3	26.5	原方案略优
7		水土保持	土方254万m^3，采取工程及植物防护措施后水土流失可控	土石方231万m^3，采取工程及植物防护措施后水土流失可控	现方案优
8		生物量损失	776	782	影响相当
9		生境阻隔影响	不明显	不明显	影响相当
10		施工便道	在铁路用地范围内设置	在铁路用地范围内设置	影响相当
11	地下水		段内主要工程为桥梁、路基工程，无长大隧道。地貌上为线状褶皱中低山及低山丘陵，含水层岩性主要为侏罗系—前震旦系钙质页岩、钙质泥岩、硅质页岩、砂岩、砂砾岩、粉砂岩、泥质粉砂岩、泥岩等。常组成褶皱构造的轴部、核部或两翼地层，断层、裂隙发育，地下水主要赋存在上述构造裂隙中，富水性一般较贫乏。对地下水环境影响不大	段内主要工程为桥梁、路基工程，无长大隧道。地貌上为线状褶皱中低山及低山丘陵，含水层岩性主要为侏罗系—前震旦系钙质页岩、钙质泥岩、硅质页岩、砂岩、砂砾岩、粉砂岩、泥质粉砂岩、泥岩等。常组成褶皱构造的轴部、核部或两翼地层，断层、裂隙发育，地下水主要赋存在上述构造裂隙中，富水性一般较贫乏。对地下水环境影响不大	影响相当
12	噪声振动		敏感点8处，在采取声屏障、隔声窗等措施后噪声影响可控，振动达标	敏感点6处，在采取声屏障、隔声窗等措施后噪声影响可控，振动达标	现方案优
13	城市规划		对杭千高速公路产生一定影响	较$R8 500 m$方案更加符合地方规划	现方案优
14	环境风险		无环境风险源		影响相当
15	地质条件		两方案地形条件与地层岩性相同		条件相当
16	地方政府部门意见		浙江省交通运输厅发函通告铁路隧道与杭新景高速公路外源隧道平行相邻，可能存在施工问题和工程地质问题，建议铁路原线位整体北移，现方案远离高速公路隧道		现方案优

3. 环境影响综合分析

总体而言，优化调整前后线位均不穿越风景名胜区核心保护区，优化后线位均远离风景名胜区，有利于降低工程建设对"两江一湖"风景名胜区可能带来的不利环境影响。

四、仙女湖度假区段线路方案环保选线

（一）仙女湖度假区段线路方案介绍

1. 仙女湖度假区段线路方案

仙女湖度假区属杭州云石生态休闲旅游度假区 5 区块之一，坐落于全国环境优美镇、浙江省生态镇——杭州市萧山区戴村镇。仙女湖区块是杭州云石生态休闲旅游度假区的核心区块。根据现场调查和对环境敏感区影响分布，该地段比选研究了中穿仙女湖度假区线路取直和绕避仙女湖度假区两个方案。

2. 方案说明

（1）绕避仙女湖度假区方案：线路起自萧山区戴村镇洪家里村南侧，向东跨过 103 省道、永兴河，在仙女湖度假区北侧通过 109 县道后向东南敷设，以全隧道形式穿过石牛山省级森林公园北部区域，向南在夏家门南侧通过后到达比较方案终点，线路全长 18.758 km。

（2）中穿仙女湖度假区线路取直方案：线路起自萧山区戴村镇洪家里村南侧，向东跨过 103 省道、永兴河，在镇初级中学北侧通过后进入仙女湖度假区，在李家坞南侧通过后出度假区，向东经过洪村后以全隧道穿过石牛山省级森林公园，向东在下葛村北侧通过后达到比较方案终点，线路全长 18.551 km。仙女湖度假区段线路方案平面示意如图 3-2-6 所示。

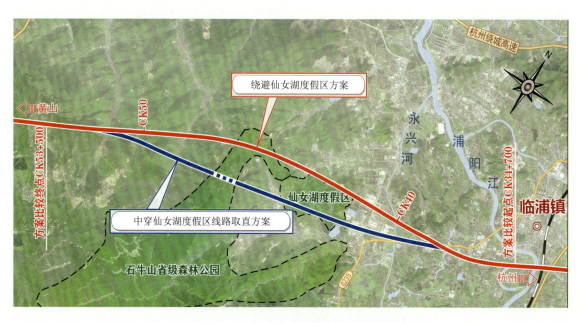

图 3-2-6　仙女湖度假区段线路方案平面示意图

（二）仙女湖度假区段线路方案环保选线比选分析

该段线路中穿仙女湖度假区线路取直方案（简称"中穿方案"），线路穿越仙女湖度假区内长度 2 660 m（其中路基 120 m、桥梁 1 799 m、隧道 741 m），以全隧道形式穿越石牛山省级森林公园长度 802 m，线路距离森林公园三清殿景点直线距离 126 m。绕避仙女湖度假区方案（简称"绕避方案"），线路向北偏移 1 542 m，线路绕避仙女湖度假区后，以全隧道形式穿越石牛山省级森林公园长度 1 300 m，线路距离森林公园三清殿景点的直线距离 1 255 m。采取绕避方案后，杭黄高铁不仅对仙女湖度假区无影响，而且线路向北偏移后，进一步远离石牛山省级森林公园景点，全隧道形式的线路对森林公园的影响很小，有利于地方经济发展和旅游资源的开发。仙女湖度假区段线路方案环境影响分析对照见表3-2-8。

表3-2-8　仙女湖度假区段线路方案环境影响对照表

序号	影响因素		绕避仙女湖度假区方案	中穿仙女湖度假区线路取直方案	影响比较
1	线路长度（km）		18.758	18.551	绕避方案优
2	工程内容		桥隧比 99.2%	桥隧比 98.9%	—
3	工程投资（亿元）		19.69	19.46	中穿方案优
4	拆迁房屋（hm²）		12.84	13.56	绕避方案优
5	是否涉及生态敏感区		线路穿越石牛山省级森林公园长度 1 300 m，距离公园三清殿景点直线距离 1 255 m，进一步远离森林公园景点范围	线路穿越仙女湖度假区长度 2 660 m，穿越石牛山省级森林公园长度 802 m，距离森林公园三清殿景点直线距离 126 m	绕避方案优
6	生态影响	征用土地（hm²）	17.0	18.8	绕避方案优
7		水土保持	土石方 205.8 万m³，采取工程及植物防护措施后水土流失可控	土石方 188.3 万m³，采取工程及植物防护措施后水土流失可控	中穿方案优
8		生物量损失	714	789	绕避方案优
9		生境阻隔影响	不明显	不明显	影响相当
10		施工便道（km）	20.4	22.2	绕避方案优
11	地下水		段内主要工程为隧道、桥梁、路基工程。地貌形态为低山丘陵区，岩性主要为 J3h 熔结凝灰岩，地下水主要为第四系孔隙潜水，不发育，对地下水环境影响很小	段内主要工程为隧道、桥梁、路基工程。地貌形态为低山丘陵区，岩性主要为 J3h 熔结凝灰岩，地下水主要为第四系孔隙潜水，不发育，对地下水环境影响很小	影响相当

续上表

序号	影响因素	绕避仙女湖度假区方案	中穿仙女湖度假区线路取直方案	影响比较
12	噪声、振动	敏感点12处，在采取声屏障、隔声窗等措施后噪声影响可控，振动达标	敏感点15处，在采取声屏障、隔声窗等措施后噪声影响可控，振动达标	绕避方案优
13	城市规划	与度假区规划协调	对度假区影响较大	绕避方案优
14	环境风险	无环境风险源		影响相当
15	地质条件	下伏基岩为J3h熔结凝灰岩，强风化—弱风化，岩质坚硬	下伏基岩为J3h熔结凝灰岩，强风化—弱风化，岩质坚硬	影响相当
16	地方政府部门意见	地方政府认为绕避方案更有利于当地经济发展		绕避方案优

五、绩溪北村线路方案环保选线

（一）绩溪北村线路方案介绍

1. 绩溪北村线路方案

杭黄高铁线路在绩溪北村折角74°，在绩溪北站位置已确定的情况下，曲线半径的大小影响线路的长度。绩溪北村段线路主要控制因素有：龙川风景名胜区、龙须山、登源河、卓溪河、086县道、引入绩溪北站条件，根据现场调查和对环境敏感区影响，对 $R5\,000\,\text{m}$ 方案和 $R7\,000\,\text{m}$ 方案进行比选。绩溪北段线路方案平面示意如图3-2-7所示。

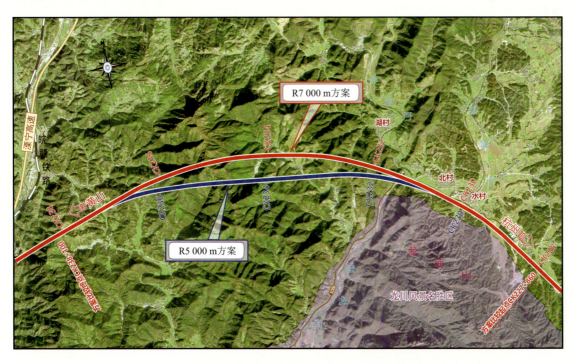

图3-2-7 绩溪北段线路方案平面示意图

2. 方案说明

（1）$R7\,000\,m$方案：杭黄高铁进入绩溪县，沿水村南侧改建的086县道、龙须山北侧跨登源河，沿登源河北岸、北村南侧跨卓溪河和086县道，以偏角74°、$R7\,000\,m$的曲线折向西南绩溪北站方向，比较范围线路长度10.43 km。

（2）$R5\,000\,m$方案：比较范围为两个$R5\,000\,m$曲线，总偏角74°，水村至北村段线路位置与$R7\,000\,m$方案基本相同，线路跨卓溪河与登源河交汇处后跨086县道，折向西南绩溪北站方向，比较范围线路长度10.24 km。

（二）绩溪北村线路方案环保选线比选分析

龙川省级风景名胜区位于绩溪县境内，由安徽省人民政府于2012年设立。在风景名胜区总体规划中预留了杭黄高铁线位，由于预留线位为初期研究线位，工程优化后线路走向与预留线位总体一致，但局部有微调。$R7\,000\,m$方案向北偏移628 m，进一步远离风景名胜区范围，对景区的林草植被、土地扰动、水土流失影响程度将进一步减缓。绩溪北村线路方案环境影响分析对照见表3-2-9。

表3-2-9 绩溪北村线路方案环境影响对照表

序号	影响因素		现方案（$R7\,000\,m$）	原方案（$R5\,000\,m$）	影响比较
1	线路长度		10.43 km	10.24 km	原方案优
2	工程内容		桥隧比94.4%	桥隧比93.6%	—
3	工程投资（亿元）		9.42	9.39	原方案优
4	拆迁房屋（hm²）		0	0	影响相当
5	是否涉及生态敏感区		线路位于龙川风景名胜区范围，进一步远离风景区范围	线路位于龙川风景名胜区范围	现方案优
6	生态影响	征用土地（hm²）	11.2	11.8	现方案优
7		水土保持	土石方16万m³，采取工程及植物防护措施后水土流失可控	土石方17.7万m³，采取工程及植物防护措施后水土流失可控	现方案优
8	生态影响	生物量损失	462	523	现方案优
9		生境阻隔影响	不明显	不明显	影响相当
10		施工便道（km）	11.5	13.6	现方案优

续上表

序号	影响因素	现方案（$R\,7\,000\,m$）	原方案（$R\,5\,000\,m$）	影响比较
11	地下水	段内主要工程为隧道、桥梁、路基工程。地貌形态为低山丘陵区，岩性主要为花岗岩，地下水地表水不发育，地下水主要基岩裂隙水，稍发育，对地下水环境影响很小	段内主要工程为隧道、桥梁、路基工程。地貌形态为低山丘陵区，岩性主要为花岗岩，地下水地表水不发育，地下水主要基岩裂隙水，稍发育，对地下水环境影响很小	影响相当
12	噪声、振动	敏感点5处，在采取声屏障、隔声窗等措施后噪声影响可控，振动达标	敏感点2处，在采取声屏障、隔声窗等措施后噪声影响可控，振动达标	原方案优
13	城市规划	对该段的登源河及其支流正在进行的水利整治有影响	与地方规划协调	现方案优
14	环境风险	无环境风险源		影响相当
15	地质条件	石门里1号隧道进口，洞口仰坡以上地形坡度较缓，山坡存留的危石较少	石门里隧道进口，地形较陡，洞口仰坡上方存在大量的危石	现方案优
16	地方政府部门意见	—	—	影响相当

第三节 弃渣场选址

在勘察设计阶段，严格执行弃渣场选址原则，对涉及环境敏感区保护范围的3处弃渣场位置进行了优化调整，从设计源头就杜绝弃渣对风景区产生影响；对下游存在公共设施、基础设施、工业企业和居民点等具有重大影响的4处弃渣场进行了优化选址，从设计源头就杜绝弃渣产生安全风险。杭黄高铁贯彻弃渣综合利用理念，利用率高达79%，从而弃渣场减少84处，堆渣面积减少308 hm^2，进一步降低了对铁路沿线环境的生态影响，从源头控制水土流失危害，是保持水土、资源化利用、节约投资的新突破。

一、弃渣场概况

杭黄高铁勘察设计阶段共设置弃渣场124处，堆渣量2 571万 m^3，堆渣面积394 hm^2；通过弃渣资源化综合利用，施工阶段共设置弃渣场40处，堆渣量579万 m^3，堆渣面积86 hm^2。弃渣场减少84处，堆渣面积减少308 hm^2，进一步从源头控制了水土流失危害，降低了对铁路沿线环境的生态影响。

二、勘察设计阶段弃渣场选址优化

1. 涉及环境敏感区的弃渣场选址优化

本工程涉及1处国家级风景名胜区、1处省级风景名胜区、1处省级森林公园、1处县级文物保护单位、6处饮用水水源保护区，上述环境敏感区分布范围广，杭黄高铁沿线穿越或邻近环境敏感区线路总长约140 km，占全线线路总长的53%，涉及环境敏感区段线路长，所经区域主要以低山丘陵为主，工程形式基本以隧道为主，弃渣量大，因此环境敏感区对弃渣场选址影响大，同时也对工程设计和建设造成了更为严峻的挑战。

杭黄高铁勘察设计过程中，由于不同阶段设计深度要求、环保资料收集情况等因素，部分初选弃渣场位于环境敏感区保护范围内，在后续设计中对涉及环境敏感区的弃渣场位置进行了优化调整。

石岭隧道出口弃渣场初次选址位于"两江一湖"国家级风景名胜区风景区范围内，根据风景名胜区管理规定及弃渣场选址原则，该区域内不允许设置弃渣场，需要优化选址。经过现场勘察，综合考量隧道出渣位置、运距、地质因素等，优化选址后的弃渣场不涉及环境敏感区，石岭隧道出口弃渣场选址优化示意如图 3-3-1 所示。

图 3-3-1　石岭隧道出口弃渣场选址优化示意图

在勘察设计阶段，弃渣场选址涉及风景区的情形共有 3 处，均完成了优化选址工作，从设计源头就杜绝弃渣对风景区产生影响。

此外，"两江一湖"国家级风景名胜区外围保护地带范围较大，大致呈南北走向，而杭黄高铁线路在此区域内呈东西走向，线路不可避免涉及外围保护地带范围。在弃渣场初选过程中，最大限度进行土石方调配，最终还是有 15 处弃渣场涉及位于"两江一湖"国家级风景名胜区外围保护范围。若将这些弃渣场调整到外围保护地带之外，平均运距增加 20 km 以上，且运输过程亦对周边生态环境产生重大影响，主管部门综合线路规划选址论证分析后，同意在外围保护地带设置 15 处弃渣场。

杭黄高铁开工后，为了进一步贯彻落实弃渣优先综合利用的理念，建设单位会同设计、施工、监理等单位，结合地方建设项目的填料需求，最大限度对铁路出渣资源化和减量化。通过各方努力，最终在"两江一湖"国家级风景名胜区外围保护地带范围的弃渣场缩减至 6 处，减少地表扰动面积 18 万 m^2，从源头降低了对风景区的生态影响。

2. 涉及安全隐患的弃渣场选址优化

杭黄高铁勘察设计过程中，对居民点、公路等有重大影响的弃渣场选址进行了优化调整，调整后的弃渣场位置无安全隐患。

葛塘弃渣场初选的场址下游 40 m 为高速公路，高速公路属于重要基础设施，弃渣场的设置会影响高速公路运行安全，因此根据弃渣场选址原则，该弃渣场初定位置不符合要求，需优化选址。经过现场勘察，优化后的弃渣场选址下游无公共设施、基础设施、工业企业和居民点等敏感点，弃渣场选址符合相关要求。葛塘弃渣场选址优化示意如图 3-3-2 所示。

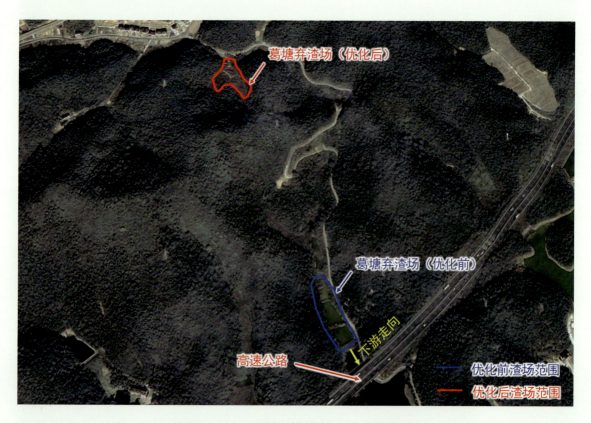

图 3-3-2 葛塘弃渣场选址优化示意图

在勘察设计阶段，弃渣场选址涉及下游公共设施、基础设施、工业企业、居民点等具有重大影响区域的情形共有 4 处，均完成了优化选址工作，从设计源头就杜绝弃渣产生安全风险。

三、弃渣综合利用，降低生态影响

杭黄高铁经过地形地貌类型多样，包括冲海积平原、河流阶地、丘陵、中低山等。本项目设置隧道 139.4 km，占线路全长的 52.7%，全线土石方挖方总量 3 299 万 m^3，填方总量 699 万 m^3，经过移挖作填后，仍有余方 2 766 万 m^3。

杭黄高铁贯彻弃渣综合利用理念。施工过程中，隧道出渣围岩级别高，主要以花岗岩、花岗斑岩为主，出渣材质较高，可加工碎石作为建筑工程的骨料利用，结合地方政府实际诉求和沿线建设项目建筑材料需求情况开展弃方综合利用，全线综合利用弃渣共计 2 187 万 m^3，利用率高达 79%，剩余 579 万 m^3 弃方运往指定弃渣场存放。通过弃渣资源化综合利用，弃渣场减少 84 处，堆渣面积减少 308 hm^2，进一步从源头降低了对铁路沿线环境的生态影响。

杭黄高铁弃渣综合利用，可以达到弃渣减量化和资源化的目的，有效减少了弃渣量和临时用地面积，从源头控制水土流失危害，是保持水土、资源化利用、节约投资的新突破。

第四章
山水林田、生态保护

　　清风明月本无价，近水远山皆有情。杭黄高铁工程沿线及周边地区是我国旅游资源富集地区之一，自然风光与历史文化交相辉映，拥有风景秀丽的富春江、"东方日内瓦之湖"之美誉的千岛湖、人杰地灵的绩溪以及秀美自然风光和徽文化腹地的黄山等众多世界级、国家级高品位旅游胜地，沿线地区文化历史源远流长，自然风光绚丽多姿，文化旅游资源得天独厚。在工程建设实践中，杭黄高铁建设者积极践行新时代生态文明要求，全面落实绿色设计理念，强化"绿水青山就是金山银山"的生态保护意识，严格遵循"保护优先、预防为主、综合治理"的原则，打造一条生态文明、环境友好、资源节约的高速铁路工程。

第一节 水满田畴稻叶齐，日光穿树晓烟低
——土地资源保护纪实

土地资源是人类生存发展之本，是生态文明建设的基础要素和空间载体。杭黄高铁在建设过程中始终如一心怀"节约用地始于心，保护耕地践于行"的朴素理念，在详细现状调查的基础上，强化工程建设对土地资源利用的影响分析，从源头上优化工程设计，控制工程建设对土地资源的占用，减少对土地资源的影响。

一、沿线土地利用现状

（一）项目区土地利用类型及数量

根据土地利用类型分类标准，结合线路所经区域2007年8～10月不同时段的中巴地球资源Ⅱ号卫星（CBERS-02）影像数据解析精度，将项目区土地用地类型划分为耕地、林地、草地、建设用地和水域及水利设施用地等5种地类，其中土地利用类型以林地为主，其面积为11 302.9 hm^2，占总面积的40.78%；其次是耕地，面积为9 044.57 hm^2，占总面积的32.63%；项目范围内其他用地类型面积相对较小，项目范围内土地利用类型及数量一览表见表4-1-1。

表4-1-1 项目范围内土地利用类型及数量统计表（hm^2）

类型	耕地	林地	草地	建设用地	水域及水利设施用地	合计
面积	9 044.57	11 302.90	1 128.18	5 078.48	1 164.72	27 718.85
百分比	32.63%	40.78%	4.07%	18.32%	4.20%	100%

（二）项目区基本农田及生态公益林分布状况

工程沿线萧山至建德段、绩溪至休宁段农田广布、农业开发历史悠久、水利设施完备，基本农田分布面积较大。淳安至绩溪段以林地为主，耕地资源比较少。项目区基本农田总量为7 373.13 hm^2，占该段耕地面积的81.5%。

项目区范围内林地主要为普通林地,但仍有部分林地为生态公益林。

二、铁路建设对土地资源影响

(一)工程占地概况

工程永久用地 612.23 hm^2,主要为农用地 288.16 hm^2 和林草地 219.95 hm^2;临时用地 657.37 hm^2,占地类型以荒草地和低产田为主。

(二)对土地利用格局的影响分析

工程永久占地将使项目区内的部分非建筑用地转变为建筑用地,土地利用性质发生一定变化,沿线一定范围内原有以森林、农田为主的半自然生态景观将转变为以铁路运输为主体的人工景观。工程前后项目区内各种土地类型改变情况见表 4-1-2。

表 4-1-2 工程项目范围内土地利用格局变化统计表(hm^2)

项目	耕地	林地	草地	建设用地	水域及水利设施用地
现状	9 044.57	11 302.90	1 128.18	5 078.48	1 164.72
建成后	8 756.41	11 181.54	1 029.59	5 619.52	1 131.79
变化量	−288.16	−121.36	−98.59	+541.04	−32.93
变化率	−3.19%	−1.07%	−8.74%	+10.65%	−2.83%
变化量占项目区总面积比	−1.04%	−0.44%	−0.36%	+1.95%	−0.12%

工程永久占地将使项目区耕地、林地、草地、水域的面积有一定程度的减小,其中耕地减小面积最大,达到 288.16 hm^2,但项目区耕地总面积较大,因此其减少量只占耕地现状值的 3.19%,占项目范围总面积的 1.04%;此外,建筑用地面积在工程建成后将增加 541.04 hm^2,增加面积占建筑用地现状值的 10.65%,占项目范围总面积的 1.95%,是项目区变化最明显的地类。工程虽占用较大面积的耕地,但整个工程主要呈窄条带状均匀分布于沿线地区,线路横向影响范围极其狭窄,工程建设不会使林地的模地地位发生改变,不会使沿线土地利用格局发生太大改变。

工程临时用地主要是弃渣场、制(存)梁场、施工营地、施工便道等临时工程的占地,工程结束后通过对其采取生态恢复措施或进行复垦(或按土地权属人要求进行处理),预计在施工结束后 3~5 年左右可基本恢复原有的土地利用类型。

综上所述,工程建设对整个项目范围土地利用格局的影响不大。

（三）对农业生产的影响

工程永久占用的耕地使其转变为交通运输用地，失去农业生产能力和一定的生态调节能力，工程弃渣场、制（存）梁场、施工营地等临时用地将在一定程度上使原有的土地利用状况发生改变，造成土壤贫瘠，有机质含量低，养分淋溶，地表植被破坏等，导致被占用土地生产能力在短期内发生降低。工程占地对农业生产的影响主要体现在对粮食生产的影响，根据沿线统计资料，杭黄高铁沿线农用地粮食年均亩产可按 550 kg 计算，则项目区粮食产量每年将减少 1 584.9 t；工程临时用地占用耕地将导致施工项目区粮食减产 3 681.7 t。

三、土地资源保护措施及效果

（一）源头上减少耕地占用

杭黄高铁沿线地区人口集中、耕地资源紧张，设计在通过农田分布路段大量采用以桥代路、永临结合、合理调配土石方等一系列措施，从源头上减少对耕地的占用。对由主体工程引起的改移道路、改河改沟等工程，以及站场范围以外，距线路较远的独立生活区、给排水设施、独立通信楼、供电段、牵引变电所及其岔线等（含排水、通所道路等）工程永久用地，其用地范围严格按有关规定执行，控制征占范围。

杭黄高铁设计桥梁长度占线路总长的 34.9%，通过采用以桥代路方案，减少了工程占地数量，每公里桥梁占地可比路基方案减少占地约 2.7 hm^2。

（二）合理选择弃渣场

隧道弃渣选择在荒地及废弃坑塘堆放，通过适当扩大弃渣运距，以减少弃渣占用良田，并尽量远离风景名胜区及水源保护区等；工程弃渣通过合理调配、集中处置，有条件时就近集中堆放，以减少临时占地，全线弃渣场临时用地共计减少 308 hm^2。

（三）其他临时用地

制梁场、铺轨基地、轨枕板厂、材料厂、拌和站等大临设施选址在满足施工组织要求的前提下，尽量选择荒地或未利用地，同时考虑永临结合方式，借用车站永久用地范围，减少临时用地。

（四）补充耕地措施

工程建设期间对临时用地均复耕还田，具体复垦措施如下：

1. 利用表层土复耕：项目建设前期，路基、桥梁、站坪、变电所等施工场地及建设过程中的弃渣场、制梁场等大临设施场坪，先期剥离表层土0.3～0.5 m，存放于工地，待施工完成后，利用所保存的表层土进行复垦。

2. 工程弃渣场均选在线路附近荒地或旱地，弃渣堆高约4～5 m，采用浆砌片石骨架护坡及喷播植草防护。弃渣施工完成后，将前期所保存的表层土填于弃渣场表层，并复垦为耕地，复垦期间采用喷播植草防护。

3. 施工完成后，及时拆除制梁场、铺轨基地、制轨枕板基地等大临设施场坪内的临时设施，并对工地及周围环境进行整治、复垦。

4. 对占用的基本农田，坚持"占补平衡"原则。依据《基本农田保护条例》有关规定，条件成熟时，建设单位需负责开垦与所占基本农田的数量与质量相当的耕地；没有条件开垦或者开垦的耕地不符合要求的，严格按照地方政府的规定缴纳耕地开垦费，专款用于开垦新的耕地。

第二节 青山不墨千秋画，绿水无弦万古琴
——水资源保护纪实

水是生命之源、生命之要、生态之基。水既是重要的经济资源，也是生态环境的控制性要素，水生态文明是生态文明的重要组成和基础保障。开展水生态文明建设是实施可持续发展战略的重要举措。杭黄高铁参建各方本着"饮渑（pèi）环保之水，走可持续之路"理念，优化、完善工程设计和施工组织，最大程度降低水资源的消耗，减少水资源的浪费，控制水资源的污染。

一、沿线水资源现状

工程范围内主要为钱塘江水系。钱塘江上游称新安江，新安江发源于安徽黄山，经淳安县，流至建德市；再往东，经桐庐，流入富阳区境内，称富春江；再往东，到了萧山区的闻家堰，称钱塘江，最后注入东海。钱塘江河道曲折，上游为山溪性河道，束放相间；中游为丘陵；下游江口外呈喇叭形状，江口逐渐展宽。主要支流有兰江、分水江、浦阳江。

依据《浙江省水功能区、水环境功能区划分方案》《关于调整杭黄铁路淳安段进贤溪水环境功能区划的复函》《安徽省水环境功能区划》《安徽省饮用水源功能区划》，工程经过的饮用水水源保护区包括富春江桐庐饮用水水源二级保护区、建德胥溪饮用水水源二级保护区、建德长宁溪饮用水水源二级保护区、淳安进贤溪饮用水水源二级保护区、绩溪扬之河饮用水水源二级保护区及其准保护区、黄山丰乐河饮用水水源二级保护区。

二、铁路建设对水资源影响

（一）施工期影响分析

铁路工程建设对水资源的影响主要来源于施工过程中产生的生活污水和生产废水，主要包括施工人员生活污水、施工场地机械车辆冲洗水、桥梁施工废水及隧道施工排水等。

1. 施工人员生活污水：主要以洗涤污水和食堂清洗污水为主。大型工点的施工基地生活污水经处理后一般排入附近农灌沟渠，租借驻地则排入当地排水系统，生活污水排放不会对当地水环境产生较大影响。

2. 施工场地污水及施工机械车辆冲洗废水：主要为砂、石料清洗废水，水质浑浊、泥沙含量较大；大量工程机械设备和运输车辆维修养护时产生的冲洗废水。根据铁路工程对施工废水的调查，施工机械车辆冲洗排水水质中化学需氧量为 50～80 mg/l，石油类为 1.0～2.0 mg/l，悬浮物为 150～200 mg/l。这部分废水若直接排放容易引起受纳沟渠的淤积。

3. 隧道施工废水：施工过程中的废水来源主要有隧道穿越不良地质单元时产生的含悬浮物的涌水、施工设备如钻机等产生的含油废水、爆破过程产生的含尘废水以及喷射水泥浆从中渗出的水以及基岩裂隙水。隧道施工废水中主要污染物为悬浮物，石油类略有超标，主要来源是施工机械的滴油、漏油。

4. 桥梁施工废水：水中墩基础施工在水下扰动所导致的局部泥沙上浮，以及围堰到位后的吸泥清基封底、钻孔出渣排水。

（二）运营期影响分析

杭黄高铁的客车为全封闭列车，旅客粪便污水以及固体废物等均在列车到达固定站、所后进行卸载，沿途不排放污水及废物；工程各车站、动车运用所水污染源均位于水源保护区范围以外，新增污水通过预处理达标后排放，故工程在正常运营期间不会对沿线地表水体及饮用水水源保护区产生不良影响。

三、饮用水水源保护区路段水资源保护

（一）饮用水水源保护区概况

杭黄高铁涉及饮用水水源保护区概况见表 4-2-1，工程与富春江桐庐、胥溪、长宁溪、淳安进贤溪、扬之河、丰乐河饮用水水源保护区位置关系示意如图

4-2-1~图4-2-6所示。

表4-2-1 工程涉及饮用水水源保护区统计表

序号	敏感点名称	级别	所在地域	保护范围	线路相对关系
1	富春江桐庐饮用水水源保护区	二级	桐庐县	①一级保护区水域：清渚江口至桐庐水厂取水口下游0.5 km；陆域：沿岸纵深100 m。②二级保护区水域：富春江水库大坝至清渚江口；陆域：沿岸纵深100 m	线路于DK108+440～DK109+340以桥梁方式跨越富春江桐庐饮用水水源二级保护区，与一级保护区最近距离82 m。穿越二级保护区总长度900 m，其中穿越二级保护区水域700 m，穿越二级保护区陆域200 m。线路与下游桐庐县水厂取水口最近距离2.43 km
2	胥溪饮用水水源保护区	二级	建德市	①一级保护区水域：乾潭水厂取水口上游2 km至取水口下游0.1 km；陆域：沿岸纵深20 m。②二级保护区水域：源头至乾潭水厂取水口上游2 km；陆域：沿岸纵深20 m	线路于DK115+286～DK115+361以桥梁方式跨越胥溪建德饮用水源二级保护区。线路穿越胥溪建德饮用水水源二级保护区总长度75 m，其中穿越二级保护区水域35 m，陆域40 m。线路与一级保护区最近距离820 m，与下游乾潭水厂取水口最近距离2.82 km
3	长宁溪饮用水水源保护区	二级	建德市	①一级保护区水域：杨村桥镇水厂取水口上游2 km；陆域：沿岸纵深50 m。②二级保护区水域：杨村桥镇水厂取水口上游4 km至杨村桥镇水厂取水口上游2 km；陆域：沿岸纵深100 m	线路于DK134+035～DK134+255以桥梁方式跨越长宁溪建德饮用水水源二级保护区。穿越二级保护区总长度220 m，其中穿越二级保护区水域20 m，陆域200 m。线路与一级保护区最近距离395 m，与下游杨村桥镇水厂取水口最近距离2.395 km
4	淳安进贤溪饮用水水源保护区	二级	淳安县	①一级保护区水域：源头至溪口大桥上游200 m，进贤溪雌龙源溪汇合口至进贤溪文昌溪汇合口；陆域：沿岸纵深100 m。②二级保护区水域：溪口大桥上游200 m至进贤溪雌龙源溪汇合口；陆域：沿岸纵深至山脊线	线路于DK177+850～DK178+250以桥梁方式穿越淳安进贤溪饮用水水源二级保护区范围内，与一级水源保护区最近距离250 m。穿越二级保护区总长度400 m，其中穿越二级保护区水域200 m，陆域200 m
5	扬之河饮用水水源保护区	二级及准保护区	绩溪县	①一级保护区水域：上游1 000 m至下游200 m；陆域：河道两侧纵深各200 m。②二级保护区水域：一级保护区上界上溯4 000 m；陆域：河道两侧纵深各200 m。③准保护区水域：二级保护区上界上溯扬溪范围内（除长江水系）的扬溪源、际坑源等河流及各支流；陆域：河道两侧纵深各200 m	线路分别于DK240+020～DK240+465、DK240+805～DK241+235、DK243+230～DK243+650以桥梁方式跨越扬之河饮用水水源二级保护区及其两个准水源保护区。穿越二级保护区总长度445 m，其中穿越二级保护区水域45 m，陆域400 m；穿越朗家溪准保护区总长度430 m，其中穿越朗家溪准保护区水域30 m，陆域400 m；穿越外沙溪准保护区总长度420 m，其中穿越朗家溪准保护区水域20 m，陆域400 m。线路与一级保护区最近距离2.515 km，与下游绩溪县水厂取水口最近距离3.515 km

续上表

序号	敏感点名称	级别	所在地域	保护范围	线路相对关系
6	丰乐河饮用水水源保护区	二级	黄山市徽州区	①一级保护区水域：水厂取水口上游 500 m 至下游 200 m；陆域：一级保护区水域两侧纵深 200 m。②二级保护区水域：一级上界上溯 3 000 m；陆域：二级保护区水域两侧纵深 200 m。③准保护区水域：二级上界上溯 5 000 m；陆域：准保护区水域两侧纵深 200 m	线路于 DK283+550～DK283+950 以桥梁方式穿越丰乐河饮用水水源保护区二级保护区，与一级保护区最近距离 2.99 km，与下游徽州区水厂取水口最近距离 3.49 km。穿越水源二级保护区总长度 525 m，其中水域 125 m，陆域 400 m

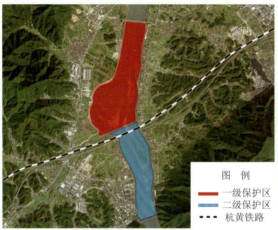

图 4-2-1 工程与富春江桐庐饮用水水源保护区位置关系示意图

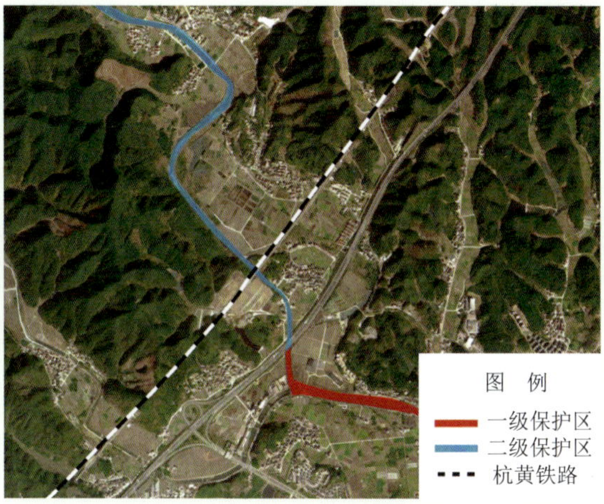

图 4-2-2 工程与胥溪饮用水水源保护区位置关系示意图

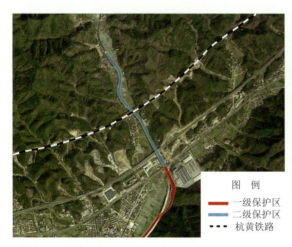

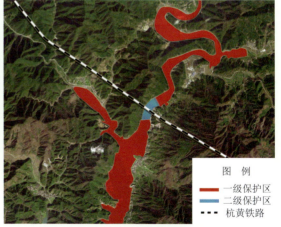

图 4-2-3 工程与长宁溪饮用水水源保护区位置关系示意图

图 4-2-4 工程与淳安进贤溪饮用水水源保护区位置关系示意图

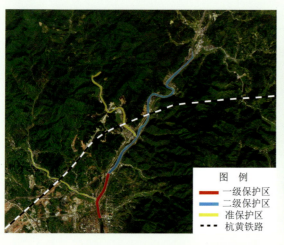

图 4-2-5　工程与扬之河饮用水水源保护区位置关系示意图　　图 4-2-6　本工程与丰乐河饮用水水源保护区位置关系示意图

（二）饮用水水源保护区路段水资源保护措施及效果

1. 工程建设期保护措施

（1）通过强化施工组织和施工期环保措施设计，加强环境管理和环境监理，采用先进的施工方法，严格落实施工期环保措施，预防施工对水源水质的影响。具体措施包括：不得在保护区及其集雨范围内设置施工营地、施工场地等临时工程，机械冲洗产生的油污废水，需经沉砂隔油池处理后回用，不得排入水源保护区范围内。

（2）对富春江特大桥、牌楼特大桥、胡家特大桥、进贤溪大桥、扬之水特大桥、西溪南特大桥等桥梁施工钻渣，通过泥浆泵提升至桥梁两端陆地临时工场，或专用船舶运至岸边临时工场，避免直接排入所跨水源水体中；临时工场内设置泥浆沉淀池、干化堆积场，分离护壁泥浆与出渣，析出的护壁泥浆循环使用，沉淀池出渣通过干化池堆积场脱水；桥梁基坑弃土、钻孔桩弃渣集中外运堆放处置。施工完毕，先清理泥浆再拆除围堰。设计对跨越水源保护区桥梁采用桥面系封闭措施，利用桥梁上的自然坡度将雨水排出保护区范围。

（3）新安江隧道及竹坑坞一号隧道施工生产废水经沉淀池处理后回用于物料冲洗及施工现场洒水防尘，施工泥浆经干化后统一集中处置；施工材料堆放场地上部设置遮雨顶棚，四周设置围挡，底部采用防渗混凝土硬化处理或铺设防渗膜处理；施工营地内设置移动式厕所，禁止施工期污水排入水源保护区。

（4）混凝土搅拌站设置污水沉淀坑，污水经沉淀后外排或回收用于清洗车辆、道路洒水等，不得排入饮用水水源保护区范围。工程结束后，将沉淀坑覆土、平整。施工过程中产生的各种固体废物及时清运至管理部门要求的地点堆存，集中处置，不得抛弃于水体或滩涂。

（5）通过开展施工期环保专项监理，定期组织对水源保护区及各水厂取水口水质进行监测，发现异常及时反馈当地生态环境部门。在富春江特大桥、牌楼特大桥、胡家特大桥、进贤溪大桥、扬之水特大桥及西溪南特大桥桥位下游200 m处及桐庐县水厂取水口、乾潭水厂取水口、绩溪县水厂取水口及徽州区水厂取水口处布设水环境监测断面共计10处，以便及时掌握桥梁施工期水源保护区及各水厂取水口水质的变化情况。所设监测断面取样布点按相关监测规范进行，监测项目为SS、石油类和COD，监测周期在桥梁下部结构施工阶段为一个星期1次，上部结构施工阶段为一个月1次，随时掌握水质的变化情况。

（6）在饮用水水源保护区附近施工时，建设单位与各饮用水水源保护区管理部门保持畅通联系，建立工程进度报告制度，同时制定应急预案，以应对施工期可能发生的饮用水源污染事件。

2. 进贤溪大桥有底钢吊箱围堰

进贤溪大桥位于杭黄高铁浙江段的淳安县境内，桥长359.8 m。上部结构形式为1×24 m的简支箱梁+3×32 m简支箱梁+1×（40+72+72+40）m连续梁，下部结构采用群桩基础，其中4号墩至7号墩位于新安江水库库区范围，属水中墩，桥址区水库宽约190 m，墩位处水深4.5～25 m，桩基直径分别为1 m、2 m，桩长为20.5～38 m，为该段重点工程之一。

（1）围堰施工

进贤溪大桥水中墩施工采用有底钢吊箱围堰施工工艺。施工期间，受天气影响，新安江水位反复涨落，对施工造成了严重的影响。为了确保水中钢围堰施工，项目设计与施工人员根据现场水文、地质情况，结合环水保要求及时修订施工方案。

钢吊箱在工厂加工，要求整体具有水密性。围堰拼装前，在钢护筒水面以上约0.5～1 m的位置焊接牛腿托架，形成施工平台。通过采用20 t水上浮吊和50 t履带吊配合，安装导向框，插打定位钢板桩，最终将148根长12 m的拉森Ⅳ型钢板桩逐一打入水中，形成一个长约15.4 m，宽约14.4 m的水中钢板桩围堰，如图4-2-7所示。

图 4-2-7　进贤溪大桥有底钢吊箱围堰施工照片

通过减少壁板分节，控制围堰渗漏水，并采用壁板焊缝的煤油渗透试验检查焊缝质量。上、下节段围堰之间和围堰拐角处设泡沫橡胶垫止水。封底过程中，加强混凝土质量控制，以防止混凝土产生离析或夹渣，如图 4-2-8 和图 4-2-9 所示。

图 4-2-8　进贤溪大桥施工围堰照片　　图 4-2-9　进贤溪大桥施工过程中航拍照片

（2）钻孔施工

桥梁桩基在施工过程中，采用常规施工工艺，极易造成泥浆外泄，施工废水处理不当，都会污染水体。

进贤溪大桥钻孔施工时，针对项目工程施工环保要求极高的特点，采用钢护筒跟进加清水成孔的桩基施工方法和五级沉淀加生物降解的施工废水处理方法，从源头上杜绝了泥浆的产生和排放对水体的污染，达到了保护新安江水库水质的目的。

桩基施工时，钻进过程不采用泥浆循环出渣，采用抽渣筒抽渣。桩基钻进前埋设护筒，当埋设深度不足时，采用导向钻孔辅助埋设护筒，导向钻孔采用小于钢护筒直径10 cm的钻头冲孔，钢护筒随冲孔深度跟进，达到埋深要求后改用符合桩径要求的钻头正常钻进。为有效保护千岛湖水资源，成孔方式采用清水钻成孔。施工时孔内直接注入清水，孔内水位随时保持高出湖水水位2 m，钻孔产生的钻渣采用抽渣筒抽渣，抽渣频率根据钻进速度每30～50 cm抽取一次，抽取的钻渣直接装入运渣车内外运至弃渣场，钻孔及抽渣示意如图4-2-10所示。当冲孔至设计标高后，先进行成孔检查，合格后进行二次清孔，二次清孔采用真空气举反循环清孔，清孔至孔内清水含砂率及孔底沉渣符合要求后灌注桩基混凝土，真空气举反循环清孔示意如图4-2-11所示，清水成孔施工照片如图4-2-12和图4-2-13所示。

施工过程中，废水通过沟渠和管网排放至沉淀池内，一级和二级沉淀池清除漂浮物和颗粒物，三级沉淀池进行酸碱中和，四级池进行生物降解，五级池进行水样监测，达标后排放，若未达标则循环至三级池再处理。

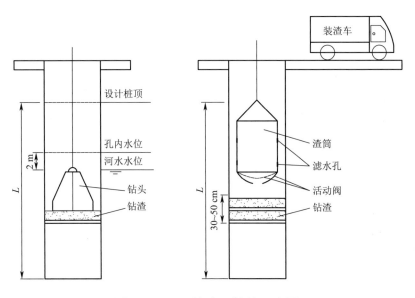

图4-2-10　钻孔及抽渣示意图

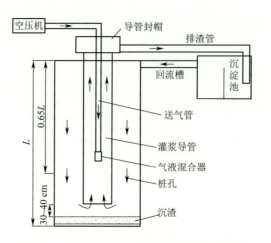

图 4-2-11 真空气举反循环清孔示意图

图 4-2-12 进贤溪大桥清水成孔施工　　图 4-2-13 清水成孔施工

施工过程中及时回收和处理施工过程中产生的泥浆钻渣，通过专用封闭式运输车辆运至附近弃渣场处置，如图 4-2-14 所示。

图 4-2-14 泥浆钻渣收集及运输

（3）围堰拆除

承台施工完成后即可对钢吊箱进行拆除，钢吊箱仅第二、三节壁板进行回收，水上部分直接用吊车配合进行拆除，水下部分由潜水员在钢吊箱外侧进行水下切割和螺栓拆除，再利用50 t浮吊进行分片吊离。

围堰按以下步骤有序拆除分6步进行：第一步，隧道顶板覆土回填，渣土外运，围堰内垃圾清理；第二步，堰内便道破除，预挖沟槽，为围堰土填埋和置换留出空间；第三步，往围堰内抽注水，保持内外水位平衡；第四步，拔除内侧钢板桩，将围堰土填筑至事先挖好的沟槽内；第五步，水下雷达对湖底标高进行复测，组织联合验收；第六步，围堰内水质净化、检测，拆除外侧钢板桩，恢复水面，如图4-2-15所示。

图4-2-15 进贤溪大桥施工完成后航拍图片

进贤溪大桥成功使用了有底钢吊箱围堰，钢吊箱具有施工工期短、水流阻力小、无需沉入河床、材料用量少、经济合理等诸多特点。水中墩通过有底钢吊箱围堰的施工，不仅缩短了工期，降低了工程成本，而且最大限度减少了施工桥墩基础施工作业对水质的影响。

四、一般路段水资源保护

（一）一般路段水资源保护

一般路段工程建设期主要通过采取以下水资源保护措施：

1. 加强对既有水利设施功能的维护

工程设计遵循"逢河设桥、逢沟设涵"的原则，一般地带排灌沟渠按孔径不压缩沟渠为原则设置涵洞，以确保原有沟渠、水库等水利设施的结构不破坏、功能不削弱。对部分因路基占用或破坏的既有农田灌溉设施或排洪沟渠均按原标准恢复，对工程占用的水利设施均以不低于原标准要求予以还建。

2. 规范施工行为

（1）施工营地生活垃圾和生活污水不得随意排入附近水体。河流两侧施工营地设置生活污水处理设备，生活污水需处理达标后排放，其他生活污水经化粪池处理后用作农业肥料。

（2）施工材料需远离水源和其他水体堆放，并避免暴雨径流冲刷。部分桥位附近堆放的施工材料，必须在堆场四周挖明沟，设沉沙井、挡墙等防护措施，且各类材料均按要求配备防雨遮雨设施。

（3）桥梁水中施工，尽量选在枯水期进行，施工期间产生的污水、垃圾、钻渣及船舶和其他施工机械的废油等污染物均经收集后集中处理。

（4）地表分布有水库、大型坑塘的隧道施工时，均进行全隧道超前地质预测预报，尤其是加强对位于断层带部位的探测，以防止可能出现的地质灾害；施工前做好洞口的防排水措施及预加固处理；施工期间加强隧道线路与地表水体的监测，根据监测结果及时调整优化隧道止、排水措施；浅埋隧道开挖前，在周围注浆形成止水帷幕，以防止地表水渗入隧道。通过开展隧道环境监控，确保了居民生活和生产用水不会受到影响。

（二）桥梁围堰施工

浦阳江特大桥主桥跨越浦阳江，主桥采用了（75+135+75）m连续梁结构形式，水中墩均采用双层钢板桩围堰进行施工，避免桩基施工过程中的泥浆钻渣以及混凝土浇筑过程中的污染物流入江水中，有效保护了浦阳江水质。桥梁水中墩均采用双层钢板桩围堰进行施工，如图4-2-16和图4-2-17所示。

图4-2-16 浦阳江特大桥水中墩围堰施工　　图4-2-17 浦阳江特大桥施工完成

（三）隧道涌水处理

1. 隧道涌水处理设备

隧道涌水主要防治方式是采用多级沉淀池加药沉淀后达标排放，施工期间，针对天目山隧道与圭川溪隧道水质较复杂的情况，通过调整施工污水处理方案，使隧道涌水得到有效净化处理，效果显著，如图4-2-18和图4-2-19所示。

图 4-2-18　天目山隧道与圭川溪隧道涌水处理设备　　　图 4-2-19　文昌隧道涌水水质净化斜管沉淀器

2. 隧道涌水沉淀池

紫高尖隧道地处浙江省杭州市建德市和淳安县境内，隧道全长9770 m，为杭黄高铁全线第二长隧道。隧道通过10个断层带、5个褶皱带，最小埋深58 m、最大埋深700 m。隧址位于中山区，砂岩中构造裂隙发育，岩石破碎、岩体强度差异大，极易发生塌方、涌水，安全风险高，为Ⅱ级高风险隧道，施工难度大，工期紧。为保证工程建设进度，隧道设2个斜井，采用6个作业面同时掘进。

施工期间，隧道涌水量大，抽排水量达350多万 m^3，且含有大量泥沙和碱性物质，设计通过采用多级沉淀池及泥浆分离器进行泥水分离，再经过化学方法中和处理后，确保了隧道涌水的达标排放，如图4-2-20～图4-2-23所示。

图 4-2-20　紫高尖隧道多级沉淀池　　　图 4-2-21　紫高尖隧道泥浆分离器

图 4-2-22　紫高尖隧道水质中和处理装置

图 4-2-23　紫高尖隧道涌水达标排放

第三节 孟夏草木长、绕屋树扶疏
——林草资源保护纪实

环境就是民生，青山就是美丽。迟日江山丽，春风花草香。杭黄高铁在建设过程中，在严格控制工程建设占地、减少对地表植被扰动的基础上，本着"安全、适用、美观、经济、生态"的原则，按照铁路绿化相关规定及绿化管理办法，精心规划、设计，精心组织实施林草恢复措施，防护与绿化并举，使工程沿线真正做到四季常绿、三季有花，与城市园林绿化景观相互配套，打造环境优美的绿色风景线。

一、沿线林草资源概述

（一）植被类型及分布

杭黄高铁沿线区域在植被区划上隶属于中国3大植被区域中的中国东部湿润森林区，植被属中亚热带阔叶林带，包括跨浙西、皖南山丘，栲类、细柄蕈树林区、浙皖山地丘陵常绿槠类、半常绿栎类阔叶林区等，受人工造林活动和农业开发活动的影响，低山丘陵区以人工次生林和经济林为主，主要为马尾松林、杉木林等用材林和柑橘、茶、山核桃、板栗等经济林；在自然保护区、风景名胜区、森林公园等自然地貌保护较好的区域，存在一定面积的原生植被，主要有甜槠林、丝栗栲林、青冈林等次生性常绿阔叶林；在冲海积平原区和河流一级阶地，主要为农田和城镇绿化植被；线路跨越的富春江两侧分布有一定面积的意杨防护林。

根据现场踏勘、调查走访和标本鉴定，并参考《浙江植物志》《安徽省植物志》和地方林业部门调查的本底资料，项目区内共有种子植物148科575属1804种，分别占全国植物总科数的49.17%，总属数的19.33%，总种数的7.13%，其中裸子植物8科23属109种，被子植物140科552属1695种（其中：单子叶植物

25科138属294种，双子叶植物115科414属1 401种）。工程沿线天然林分布面积较大的区域主要集中在浙江省淳安县、安徽省绩溪县境内，其余地域大多被马尾松林、杉木林等针叶林类型或毛竹林所替代。此外，工程沿线还广泛分布有一年蓬、小白酒草、凤眼莲、喜旱莲子草、土荆芥、铺地黍等外来物种。

（二）名木古树和珍稀植物资源

工程涉及浙江、安徽两省，线路所经过的天目山、黄山为我国中亚热带林区高等植物资源最丰富的区域之一。据文献资料记载，沿线有红豆杉、南方红豆杉、天目木兰、银杏、香果树、领春木、连香树、银鹊树、樟树、闽楠等多种珍稀野生保护植物。但近些年来受人工造林和农业生产活动的影响，沿线珍稀野生保护植物资源种类和数量正急剧减少，分布范围大多局限于自然保护区、风景名胜区或森林公园等受人为保护的较小区域内。

根据项目前期调查，项目区主要野生保护植物为南方红豆杉和樟树，其中，南方红豆杉为国家一级保护植物，樟树为国家二级保护植物。

二、铁路建设对林草资源影响

（一）施工期影响分析

1. 对植物种类和区系影响分析

工程施工造成路基、站场等永久占地范围内植被的永久性消失和施工营地、施工场地等临时用地范围内植被的暂时性消失。但由于这些植物种类均为区域内常见物种，分布范围广，杭黄高铁工程的建设不会造成区域植物种类的减少，更不会造成区域植物区系发生改变。

另外，工程生态绿化过程中如引入非本地树种，将增加外来植物入侵的风险，对区域植物多样性存在潜在威胁。

2. 对名木古树和珍稀保护植物资源的影响

据调查，工程范围内分布有南方红豆杉、樟树、香果树、金钱松、鹅掌楸5种珍稀保护植物，均为乔木类，受人为破坏情况较严重，数量极少，仅见于原始植被保护较好的森林公园或风景名胜区周边区域，因工程均以隧道通过，不直接占用。因此，杭黄高铁工程的建设对其影响甚小。

（二）营运期影响分析

1. 森林边缘效应的影响

铁路建成后，永久占地内的林地植被将完全被破坏，取而代之的是路基及其辅助设施，形成建设用地类型。铁路线路通车运营后，由于原来整片封闭的林地需要留出一条带状空地，导致森林群落产生林缘效应，即从林地边缘向林内，光辐射、温度、湿度、风等因素都会发生改变，而这种小气候的变化将会导致林地边缘的植物、动物和微生物等沿林缘至林内发生不同程度的变化。研究认为，一般边缘对小气候的影响范围可从林缘延伸至林内 15～60 m 处。另外由于皆伐地的彻底暴露，林外的空地常常会由外来物种控制，外来种有形成入侵边缘的趋势，而且干扰越大，越利于其入侵，外来物种的大量涌入甚至可能影响局部的群落结构。

从杭黄高铁沿线植被分布情况来看，这种生态效应主要对项目区内以马尾松林、杉木为主的人工林区域会产生比较明显的影响，即由于森林边缘效应，在铁路线路防护栅栏外大约 60 m 范围内，群落物种组成和结构产生一定的变化，林下耐荫的常绿灌木以及草本将会逐渐被阳生或半阳生植物所替代，而林缘外侧的空地会被强阳生的灌木和杂草占据。

2. 外来物种扩散影响分析

工程建设破坏项目区内原有相对封闭的区域，随着工程人员进出，工程建筑材料及其车辆的进入，人们有意无意地加速外来物种的扩散。在运营期，外来物种的种子可能由旅客或者货物携带，沿途传播。由于外来物种比当地物种能更好地适应和利用被干扰的环境，导致当地生存的物种数量减少，本地植物逐渐衰退。

三、森林公园保护

（一）沿线森林公园总体概况

工程范围内分布大奇山森林公园、富春江森林公园、千岛湖森林公园、徽州森林公园等国家和省级森林公园。在充分考虑满足项目的功能定位，遵循既定选线原则的基础上，工程选线过程中注重对区域自然景观和人文资源的保护，将沿线地区各类生态环境敏感目标作为控制工程线路走向的重要因素予以考虑。前期研究过程中，通过方案优化，线路绕避了大奇山国家森林公园、徽州国家森林公园等 5 处森林公园。

（二）石牛山省级森林公园

1. 杭黄高铁与森林公园位置关系

杭黄高铁线路在浙江省杭州市萧山区戴村镇以隧道形式穿越石牛山省级森林公园 1.3 km，线路距离森林公园三清殿景点直线距离 1 255 m，杭黄高铁与石牛山省级森林公园位置关系示意如图 4-3-1 所示。

图 4-3-1　杭黄高铁与石牛山省级森林公园位置关系示意

2. 项目区公园资源现状及规划概况

杭黄高铁以隧道形式穿越石牛山省级森林公园位于戴村镇西侧的低山区，洞顶植被为人工马尾松林和毛竹林，坡脚为灌草丛，局部开发为茶园，受人为活动影响，区域野生动植物资源不甚丰富。

3. 工程影响分析

为缓解石牛山隧道建设对森林公园的影响，工程建设期施工便道和弃渣场等临时设施均设置在森林公园范围外，同时通过采取斜切式环保洞门减少了对隧道口植被破坏。

工程运营后，由于列车在隧道内运行，对森林公园动植物影响不大。因此总体分析，工程建设对森林公园的影响较小。

4. 石牛山省级森林公园的保护措施

（1）设计线路采用全隧道方案通过石牛山省级森林公园，并严格遵循"防、排、堵、截结合，因地制宜，综合治理"的原则，强化对地表水资源和洞门处植被的保护。

（2）严格按照用地红线范围控制施工行为，同时通过合理布置施工营地、弃渣场以及规划物资运输路线，避免在森林公园范围内设置临时施工场所。

（3）全面落实隧道洞口植被防护措施，洞门坡面配合路堑边坡的防护，选择适宜的树、草种，达到防护工程、改善路况、绿化环境的目的；洞顶回填后采用植草及栽种灌木等措施进行植被恢复，洞门外露混凝土种植攀缘植物。

（4）通过断裂带隧道段，根据实际情况，遵循"以堵为主，限量排放"的原则强化隧道防、排水设计，实现了"堵水有效、防水可靠、经济合理"的目标；通过采用超前预注浆或开挖后径向注浆等措施对地下水进行截、堵，有效预防了隧道施工渗水对水体的影响。

（5）施工结束后及时恢复地表植被、疏通水网，并对桥梁下方、路基两侧土地进行绿化；绿化防护优先选用本地植物种，在经植物检疫部门进行外来种入侵风险评估后适度引入外来植物种。

（6）加强野生动植物保护法规的宣传，杜绝施工人员采挖珍稀野生植物、猎杀野生动物。

四、古树名木保护

（一）沿线古树名木总体概况

经过现场踏勘和林业部门走访核对，查阅沿线古树名木名录，杭黄高铁沿线距离线路较近的古树分布有11株。浙江省富阳区渔山乡旭光村有香樟古树2株，分别位于乡村道路旁，树龄分别为100年和120年；浙江省富阳区万市镇太平村有香樟古树2株和银杏古树1株，分别位于上坡和村头，树龄分别为280年、260年和180年；浙江省桐庐县桐君街道蒋陆家有香樟古树2株和银杏古树1株，均位于村头乡村道路旁，树龄分别为200年、180年和250年；浙江省桐庐县桐君街道尹家有苦槠古树1株，位于村头乡村道路旁，树龄为250年；浙江省桐庐县桐庐镇唐家埠村有香樟古树2株，位于村头210省道旁，树龄均为280年。

11株古树中只有桐庐县桐庐镇唐家埠村的两株香樟古树分别距线路中心线仅3.5 m和20 m，其余古树距线位均在45 m之外。

（二）香樟古树"搬家"

浙江省桐庐县桐庐镇唐家埠村的两株香樟古树在富春江边210省道旁，为国家二级保护植物，树龄280年，分别距线路中心线仅3.5 m和20 m。在杭黄高铁建设过程中，为了使铁路施工不影响古树，建设者将富春江特大桥22号墩位附近的香樟古树向东迁移40 m进行"搬家"，移动一棵高约20多米、直径2 m的香樟古树并不容易，不仅动用了吊车、铲车、起重机等大型设备，整个迁移过程大约耗时一个月，花费50万元，最终这株香樟古树屹立在杭黄高铁的富春江畔，为"美丽杭黄、生态高铁"增添一道亮丽的风景，如图4-3-2所示。

图4-3-2　杭黄高铁经过浙江省桐庐县唐家埠村境内古樟树

（三）明挖改暗挖，保护古桑园

杭黄高铁桐庐隧道位于桐庐县城西南城南街道杭千高速出口附近，全长1 836 m，由于地势较为平缓，隧道施工方式原设计方案是明挖暗埋，经过现场勘察，在隧道上方分布一片古桑树林，占地面积2.6 hm²，共有约110株古桑树，但未列入古树名木名录中。林中最高的桑树超过 10 m，平均根茎周长约 70 cm，最粗的有 1.4 m。近 7 成的桑树的树龄都超过 100 年，"年纪"最长的古桑树树龄约 330 年。这片独一无二的古桑树林，桐庐本地唯一，整个杭州也难得一见。

桐庐隧道直接采用明挖，就是直接挖开山体土层，然后浇筑隧道，施工方便，节省工期，同时节约资金，这就需要将古桑树砍伐或者移栽。如果砍伐古桑树的话，这片古桑园将永远在地球上消失，后辈子孙将再也无法在这里踏青、消暑和露营。如果移植古桑树，很可能成活率不高。

杭黄高铁建设者们积极践行"绿水青山就是金山银山"的绿色发展理念，为了保住这片古桑树林，与相关部门进行了多次磋商，果断调整施工方式，将桐庐隧道通过古桑树路段由明挖改为暗挖。在古桑园 30 m 开外增设一处竖井作为工作井，然后在井下 20 m 处开挖隧道，穿过整片古桑园之后，再采用明挖的方式开挖隧道。这一"穿"，便需要多施工 300 m，不仅大大增加了近百万元投资，还延长了一个月的建设工期，更为重要的是，这段线路表层多为冲洪积粉质黏土、卵石土层、下伏基岩，加上竖井施工工作断面小、施工设备多、施工条件差等因素，直接将桐庐隧道的施工风险从二级提升到了一级。

针对暗挖可能造成的地层沉降、地下水位下降等问题，建设者们采用了三期保护方案，即施工前，对古桑树整形修剪、摘叶避阳、安装土壤张力计、同时加固古树；施工中，设置水位孔、滴灌及喷雾设备、合理施肥、防治病虫害、定期向上浇洒营养液；施工后，延期养护古树 2 年。

这头，挖掘机来回穿梭，模板台车、钻孔台架隆隆作响，工人们拿着破碎锤抓紧时间进洞；那厢，古桑树在微风吹拂下，秋风沙沙，树叶婆娑，鸟声阵阵，好一片安定祥和的和谐景象，杭黄高铁桐庐隧道保护古桑树园现状如图 4-3-3 所示。

从桐庐森林资源管理总站专业人员处了解到，从目前这片古桑树的长势看，它们正处于"中年期"，应当还能继续生长。如果情况良好的话，还能多活几百年。尽管没有人再去采摘桑叶，它已经失去原本的农业意义，但从林业的角度来说，它们很有保护价值。

杭黄高铁建设既要促进经济发展，又要保护生态环境，交出了一份保护青山绿水的双赢答卷。

图 4-3-3　杭黄高铁桐庐隧道保护古桑树园现状

（四）其他古树名木保护

1. 工程沿线分布的古树大多距离线位较远，工程建设期间，通过强化施工管理和宣传教育，在野生保护植物分布点挂警示牌等措施，加强对古树名木的保护；明确规定在珍稀保护植物分布区周边、古树下及周边不得设置临时施工设施。

2. 对于不在工程征地范围内的古树，主要通过加强施工管理和对现场施工人员的宣传教育，避免在树下及周边设置临时施工设施以及对古树名木的破坏。

3. 对于在工程的征地范围内调查发现的古树，首先通过设计优化工程局部线位以尽量绕避古树，或优化工程建设方案以控制对古树的不良影响，同时通过在树干周围设置防护栅栏等措施对古树实施主动保护。经多方案比较，确实无法避让时，在经市林业行政主管部门审查同意并报省林业主管部门批准后，对古树名木采取移植措施。杭黄高铁建设过程中，共移植树龄 200 年以上的古树名木 10 余株、富阳区罗汉松 200 余株。对于实施移植的古树，综合古树的生理特性及移植地立地条件不同，通过科学合理确定移植土球大小、呼吸蒸腾抑制剂剂量以及树木栽植方向，保证了古树移植成活率达 100%。

第四节 其他资源保护

一、文物古迹保护概述

文物古迹是历史的见证，是人类技术和文化的结晶，是人类创造活动的实物遗存，是珍贵的研究材料。对文物古迹的保护是对历史、文化的保护，是对社会共同记忆和利益的保护，也是对优秀传统文化的传承。杭黄高铁沿线文物资源丰富，如何在建设高标准绿色铁路的同时，避免对文物古迹的破坏，是杭黄高铁建设面临的重要课题。

杭黄高铁工程建设前期，通过线路方案优化，绕避了龙川胡氏宗祠国家级文保单位、棠樾牌坊群国家级文保单位等9处各级文保单位以及棠樾、唐模村等5处国家级或省级历史文化名村、镇。

二、铁路建设对文物资源影响

铁路建设对文物及历史优秀建筑的影响主要有以下两方面的内容：一是工程建设与文物保护单位保护规划的相容性问题及对文物景观的影响；另一方面是工程运营后对文物、优秀历史保护建筑的振动影响。

对于隧道工程线路区间的文物古迹，由于文物建设控制地带只有平面控制范围，没有空间上的控制范围，工程以地下形式通过，对其景观不产生影响，不存在侵入文物古迹的保护范围、建设控制地带的情况。

三、下冯塘遗址保护

杭黄高铁线路仅涉及下冯塘遗址一处文物保护单位。

1. 文物基本情况

下冯塘遗址于2006年由歙县人民政府批准建立,类别为新石器时代古遗址,遗址位于歙县富堨镇下冯塘村。遗址地上为农田覆盖,现场遗址不可见。

2. 工程与文物的相对位置关系

线路于安徽省歙县富堨镇下冯塘村经过下冯塘遗址县级文物保护范围和建设控制地带,通过的保护范围的线路长度为30 m,通过控制地带的长度为120 m,如图4-4-1所示。

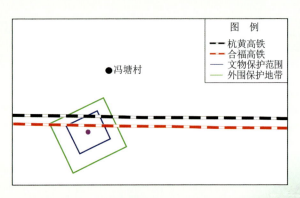

图4-4-1 杭黄高铁与下冯塘遗址位置关系示意图

3. 工程影响分析

杭黄高铁经过下冯塘遗址的线路与合福铁路并线,依照《中华人民共和国文物保护法》的相关规定,合福铁路经过下冯塘遗址已经征得歙县人民政府的同意,并在工程开工前对该遗址进行了抢救性钻探和发掘,地下文物情况已基本探明并采取相应措施,杭黄高铁工程建设不会对遗址造成不良影响。

4. 文物保护措施

(1)开工前建设单位按照地下文物的管理程序,委托具有相应资质的单位进行了考古调查、勘探,根据调查、勘探结果采取切实可行的文物保护措施,并制定必要的施工期文物保护方案。

(2)制定文物保护预案,施工期间一旦发现文物,需立即加以保护并及时上报文物主管部门。同时,加强对文物所在地区地面沉降的监测,发现异常需立即采取补救措施。

(3)加强文物保护宣传,设置宣传牌,明确沿线文保单位的保护范围,强调文物保护的重要性,增强施工人员的文物保护意识。

第四节 其他资源保护

第 五 章
绿色通道、生态修复

铁路绿色通道建设全面贯彻落实国家生态文明思想，坚持人与自然和谐共生发展理念，坚持保护优先、重在修复的方针，采取工程和植物相结合的多种举措，对铁路沿线各类自然生态进行保护和修复，具有生态景观、运营安全的双重作用。

杭黄高铁绿色通道建设遵循"四季常绿、三季有花"的绿化设计理念，以"美丽杭黄、生态高铁"为生态建设目标，超前谋划，典型引路，多措并举，优选树草种，针对不同工程分区，制定相适宜的绿化设计方案，实现了"车站依山傍水、一站一景""隧道穿峦越嶂、一洞一景""路基挖堑填堤、一处一景""桥梁衔路接隧、一桥一景"，充分体现杭黄特色和当地风貌。弃渣防护践行"来时青山绿水、走时绿水青山"的生态建设新思路，弃渣场遵循"先拦后弃"的设计理念，全部复垦复绿，确保杭黄高铁生态建设与沿线生态环境相协调相适应。

杭黄高铁可绿化线路长度125 km，已绿化达标125 km。杭黄高铁主体工程用地558 hm², 绿化覆盖面积280 hm², 绿化覆盖率50%, 绿地面积227 hm², 绿地率41%。

第一节 绿色通道设计原则

杭黄高铁绿色通道工程设计遵循"四季常绿、三季有花"绿化设计理念，充分考虑沿线立地条件、乡土树种、苗木来源、气候条件、交通状况等因素，明确绿色通道设计范围，选定与当地环境相适应的乔灌木及藤草本品种，通过开展先导性试验，针对不同工程分区，划分重点绿化地段和一般绿化地段，制定相适宜的绿化设计原则、分类标准和设计方案，实现了"一站一景""一洞一景""一处一景""一桥一景"，不仅能够缓解乘客旅途视觉疲劳，而且稳固了铁路边坡和防治水土流失，保证了高铁行车安全。

一、生态建设目标

党的十九大报告指出："生态文明建设功在当代，利在千秋"。杭黄高铁积极践行习总书记"绿水青山就是金山银山"的绿色发展理念，建设初期即确立"美丽杭黄、生态高铁"的生态建设总目标，统一思想共识，突出铁路生态环保功能，主动为美化铁路旅客运输沿线环境服务，运用绿色生态的理念与文化，更好的发展和建设铁路。

杭黄高铁生态建设目标：在功能防护、绿色景观、水土保持、生态环保、资源利用等方面建成全国一流的生态线、旅游线、文化线、精品线、示范线、新时期高速铁路绿化样板工程，并且实现一站一景、一洞一景、一处一景、绿色生态、全路一流。

二、总体设计原则

杭黄高铁在切实保障铁路运营安全的基础上，通过优化植物品种，提升植物配置组合，吸取既有铁路绿化缺陷与盲点的经验教训，利用现有成熟的绿化成果多渠道、多手段的综合运用，实现杭黄高铁的生态建设目标。

杭黄高铁绿色通道总体设计原则：四季常绿、三季有花；乔灌结合、错落有致；因地制宜、体现特色；重点突出、总体平衡；控制成本、注重长效；安全可控、科学养管。

（一）四季常绿、三季有花

优选植物品种多样性，采用丰富的植物品种，利用植物的生理特性及花期变化特点实现三季有花，在线性布局的基础上最大限度地强化铁路绿色通道沿线的四季常绿景观效果。

（二）乔灌结合、错落有致

结合乔木、灌木的高矮配置与层次，力求铁路每个绿化单元在空间上丰富铁路的绿化整体效果，实现错落有致，发挥遮风、滞尘、吸收有害气体等生态防护功能。

（三）因地制宜、体现特色

精选适应线路所经区域气候，适合沿线地形、土壤、水分等不同立地条件下种植生长的绿化植物，并结合站区场坪、隧道洞门、路堤、路堑等不同场地的地形地貌、护坡形式、岩层土质、向阳背阴等因素因地制宜来确定，进行植物组合搭配，确定整体及局部绿化方案。

（四）重点突出、总体平衡

划分重点绿化与一般绿化地段，在充分考虑临近车站站场、风景名胜区、森林公园、市县城区及交界处、重要交通枢纽（如公铁交叉和并行地段）、标志性隧道、路堤、路堑、桥梁和人流密集区域作为重点绿化地段，在苗木品种、规格、造型上突出景观效果，并纳入分类的规划中，达到总体平衡。

（五）控制成本，注重长效

选用绿化树草种均为在当地苗木市场上容易购买、价格低廉且在城市绿化运用较为成熟广泛的品种，积极倡导苗木定期集中采购降低采购成本，充分利用征地既有苗木资源。根据现场交通、水源、劳动力及市场行情波动等综合因素制定绿化施工方案，降低运输、人工成本。在植物选择上应用生态学原理，注重绿化长期效果，使植物自然更新，最终达到长期稳定的绿化景观效果。

（六）安全可控、科学养管

考虑边坡稳定与行车安全的前提下进行绿化实施，在绿化过程中强化施工作业技术交底与安全教育管理控制施工相结合。充分考虑铁路绿化的后期养护，有针对性地制定天窗点养护标准，进行科学有序管养，达到绿色常态效果。

三、绿化分类设计

（一）重点与一般划分

杭黄高铁绿色通道工程建设按照车站段所、隧道洞口、路基边坡、桥梁下部、弃渣场等用地进行分区绿化。根据项目沿线立地条件、自然景观、人文景观、城市规划等，划分重点绿化地段和一般绿化地段，开展分段绿化建设。

重点绿化地段是指高速铁路车站站区，旅客视野范围内的铁路绿化区段，景观要求较高的城市地段，自然景观、人文景观等旅游资源丰富地段。重点绿化地段应通过植物的品种、规格、颜色、形状、花期和层次等进行组合配置增强绿化效果，并与周边环境相协调。根据建筑设施布局，总体规划、统筹安排，结合地方文化特色和地域环境特点，实现绿化效果。景观要求高的车站根据当地人文、地理特点，按一站一景进行规划设计。

一般绿化地段是指铁路用地范围内，对施工扰动区域实施植物措施，以防治水土流失、恢复生态环境并兼顾美化路容为主要目标的绿化地段。一般绿化地段的绿化本着经济实用、以人为本的原则，达到具有水土保持、降落尘土、净化空气、降低噪声等恢复生态功能。

杭黄高铁按照"点、线、面"相结合的方式，区分重点绿化地段与一般绿化地段，确定了千岛湖站区等82处重点绿化地段，着重完善重点绿化地段的站区、隧道洞口、区间、桥下和边坡绿化方案，全面开展绿色通道建设。建设初期，确定了金锅岭隧道洞门等5处代表性地段进行先期试验，并将试验成果转化为样板全线推广，有效推进了全线绿化建设。通过精心组织，实现了"一站一景""一洞一景""一处一景""一桥一景"。

（二）分类设计方案

杭黄高铁依据线路走向并结合地方自然、人文景观等特点，在绿色通道建设方案上按照"点、线、面"相结合的方式，以"路堤、路堑、隧道洞门、边角夹心地、车站、桥下及综合维修工区、弃渣场"为独立单元进行绿化，使绿色通道所有绿化单元满足铁路线性特点的连续性与整体性，实现"一站一景""一洞一景""一处一景""一桥一景"。

1. 车站"一站一景"

车站站区以"现代、简洁、大气"的风格，体现现代的元素，结合因地制宜的绿化手法，使景观能够充分融合当地的人文特色，更好地为当地城市发展所服务，达到"一站一景"效果。绿化范围是以车站为中心向大小里程延伸各1 km进行整体景观设计，突显设计主题与地域文化协调统一，在"以人为本"的理念中体现对人的关注和尊重，并始终以保证进出站车辆通行安全为首要原则，整体布局应包括站台路基、站台端头、两轨间三角地、围墙墙角等适合绿化地段。

车站工区的铁路生产、生活用房区域绿化重点考虑铁路局部生产、生活小环境的区域景观塑造，运用科技绿化效果等叠加手段，形成"上乔、中灌、下花草"的立体绿化格局，实现办公、生产、生活区域园林化，在局部环境上最大限度地营造景观植物的多样性和舒适性，体现铁路企业文化精神。

2. 隧道"一洞一景"

考虑隧道洞门视角的聚焦性和连续性，宜将隧道进出口与连接隧道的路堤、路堑段进行整体设计，达到"一洞一景"效果。首先实现铁路隧道洞门施工完成后生态恢复功能，包括洞门仰坡和周边山体自然景观的融合，同时实现隧道边仰坡的色彩层次感与立体感，部分陡峭地段洞门依据现场环境凸显隧道洞门垂直绿化的特点，连接隧道洞门的线路部分绿化按线路地段绿化要求与隧道洞门绿化保持视觉上的连续设计。

3. 路基"一处一景"

重点考虑路基边坡稳定与行车安全以及绿色廊道建设的连续性和整体性，设计应包括设计范围内的所有段带绿化范围，在较宽堑顶按内灌外乔、内低外高布置，在植物的色系上重点考虑色彩的线性表现效果，配置上兼顾乘客视觉感受与铁路外部自然景观的融合与统一。坡脚排水沟外侧土建过程中按种植槽与种植穴相间设置，植物选择在满足线性效果的前提下，重点考虑线性条件下的错落有致。

4. 桥梁"一桥一景"

桥下部分除与道路"并行、交跨、穿越、站区"等特殊地段进行景观布置外，桥下绿化重点考虑铁路绿色廊道的连续性、整体性和生态修复的功效，同时结合桥梁周边山体、河流、农田、村庄等地形地貌，达到"一桥一景"效果。

5. 弃渣场生态修复

弃渣场临时用地范围内绿化以生态恢复为主，以防治水土流失、恢复生态环境并兼顾绿化美化为主要目标，对于距离铁路线路较近和乘客可视范围内的弃渣场进行重点绿化，做到与周边环境相协调。

四、绿化树种选配及规格

（一）绿化树种选配

铁路绿化建设的植物品种选择根据立地条件、种植目的、经济性及适用性确定，遵循宜乔则乔、宜灌则灌、宜草则草、宜花则花的原则，优先选择乡土植物品种。

铁路绿化树种配置符合内低外高、内灌外乔、灌草结合、灌木优先的原则，靠近线路地带宜种植灌、草植物，远离线路地带宜以种植灌、乔植物为主，形成既保证铁路行车安全又具有立体多层效果的绿化带。

重点绿化地段的绿化植物选择可根据需要选择适当的特色物种，包括观赏植物及经济类植物。植物配置应考虑花期延续、色彩搭配、错落有致、特色体现。配置一年四季有季相变化的、色彩丰富的各种乔灌草及花卉，花卉与乔灌草合理配置，并与周围环境和其他植物协调地衔接。

杭黄高铁在绿化苗木选择上精选了适应线路所经区域气候、适合在当地土壤种植生长的，且在地区苗木市场易购买、价格低廉和城市绿化运用较为成熟广泛的品种，优选种植生长缓慢的小乔木、亚乔木或进行乔木灌木化、灌木乔木化管理。绿化树草种见表5-1-1。

表 5-1-1　杭黄高铁主要适用绿化树草种

分类	树草种
乔木	高杆红叶石楠、高杆大叶女贞、紫叶李、鸡爪槭、龙爪槐、红枫、紫叶矮樱、紫薇、玉兰、广玉兰、茶花、丛生桂花、绿篱石楠、松树、海棠、木槿、山茶、紫荆、朴树、香泡、枇杷、铁树、杨梅、茶梅、碧桃、香樟、金桂、乌桕、红叶李、日本早樱、柑橘、苦楝、沙朴、胡柚、杨梅、黄金槐、乐昌含笑、黄山栾树
灌木	小叶女贞、红叶石楠、金森女贞、瓜子黄杨、海桐、夹竹桃、法国冬青、红花继木、金叶女贞、木芙蓉、金丝桃、茶花、黄荆、迎春、连翘、云南黄馨、杜鹃、大叶黄杨、紫叶小檗、秀线菊、伞房决明、金丝桃、多花木兰、毛娟、紫荆、八角金盘、十大功劳、慈孝竹、南天竹、迎春、月季
草本/花	麦冬、白三叶、红三叶、狗牙根、高羊矛、黑麦草、紫花苜蓿、伞房决明、葱兰、结缕草、金鸡菊、金盏菊、阔叶麦冬、玉龙草
藤本	爬山虎、油麻藤、常春藤、扶芳藤、藤本月季、蔷薇

（二）绿化树种规格

结合杭黄高铁沿线地理位置及气候条件，从众多适应当地和广泛被运用于公路和地方工程景观植被苗木中，精选杭黄高铁绿化苗木品种及规格。

1. 乔木

乔木选择种植生长缓慢的常绿有色乔木或花乔木，乔木规格为胸径 3～4 cm，树形饱满的全冠或半冠苗。

2. 灌木

灌木选择适合当地生长的球类灌木、丛生灌木、色块灌木、分枝灌木。重点绿化地段球类灌木规格冠幅 70～80 cm，一般绿化地段 40～50 cm。丛生灌木规格为冠幅 30～40 cm，色块灌木规格为高度不低于 35 cm。分支灌木规格为不低于 6 分枝。

3. 藤本植物

藤本植物要求为不低于 3 分枝的 2 年生苗，主分支长度不低于 80 cm。

4. 草本和花

草本和花要求四季常绿，低养护，各种草籽及花草籽发芽率不低于 80%，纯净度不低于 95%。

第二节　车站依山傍水，一站一景

杭黄高铁车站绿化设计根据沿线的地域环境、旅游资源、文化特色、环境保护等特点，结合车站绿化的生态性、功能性、观赏性等特征，将生态杭黄建设作为提升杭黄高铁品质的一项重要举措，明确了打造"美丽杭黄、生态高铁"的生态建设目标。对沿线车站站区、工区全部作为重点绿化地段进行专项绿化设计，在空间较大区域进行园林造景，选用具有一定造型的植物进行组团和小品，形成"上乔、中灌、下花草"的立体绿化格局，达到"一站一景"绿化效果，使其与生产生活房屋的建筑风格、站前广场周围环境相协调。杭黄高铁车站站区和工区内部对办公、生产、生活房屋进行并栋设计，节约土地面积 $1.38\ hm^2$，作为退让绿地进行园林绿化，不仅增加杭黄高铁的绿地率，而且营造温馨舒适的工作环境，成为杭黄高铁车站绿化的一大亮点。

一、富阳站

（一）车站概况

富阳站位于浙江省富阳区春江街道杭千高速公路北侧建华村。按一般中间站设计，设正线 2 条，到发线 2 条，设基本站台和侧式中间站台各一座，设旅客进出站地道一座。在线路右侧设线侧下式站房，车站最高聚集人数 1 000 人。综合工区采用纵列式布置，设于站房同侧左边，工区内设大型养路机组停放线 1 条，作业车停放线 2 条。

（二）车站总体景观布局

富阳站景观总体构想源于元代著名画家黄公望的《富春山居图》，站房采用了"富春山居、山水驿站"的设计理念,站房的外形提炼了浙江民居中坡屋顶这一元素,抽象成简洁的双坡折屋面。车站背靠层峦叠嶂的山脉,整个站房造型犹如一座顶天立地浑厚大山,一条富春江流淌在站前广场正中央,两侧园林小品如同富春江两岸的层峦环抱、山野人家,给旅客呈现一幅活灵活现的富春山水画卷,如图5-2-1所示。

图 5-2-1　富阳站航拍图

（三）站区与工区绿化美化总体规划

富阳站站区与工区绿化美化按照一站一景进行总体规划设计。站区和工区绿化在可绿化的区域内进行园林造景,选用具有一定造型的植物进行组团和小品,形成"上乔、中灌、下花草"的立体绿化格局,如图5-2-2和图5-2-3所示。

图 5-2-2　富阳站区绿化美化景观方案总平面图

图 5-2-3　富阳维修工区绿化美化景观方案总平面图

（四）站区与工区并栋设计退让绿地

富阳站站区将原给水加压站并入单身宿舍地下一层，富阳站工区将原工区中食堂部分，以及变电所并入工区综合楼一层，取消原有油品间，节约土地 6 880 m²，全部作为退让绿地进行园林绿化，提高车站绿地率，如图 5-2-4 和图 5-2-5 所示。

图 5-2-4　富阳站站区并栋前效果图

图 5-2-5　富阳站站区并栋后效果图

（五）站区绿化

富阳站的站区绿化主要是站台路基边坡、公安派出所、单身宿舍、信号楼、10 kV 变配电所等区域的绿化。

1. 车站路基边坡绿化

站台路基边坡骨架内栽植红叶石楠、金边黄杨等灌木，底部满铺麦冬，如图 5-2-6 和图 5-2-7 所示。

图 5-2-6　富阳车站路基边坡绿化航拍图

图 5-2-7　富阳车站路基边坡绿化局部

2. 车站生活区绿化

单身宿舍小院围墙为通透铁栅栏，每隔一段距离设置一节白墙青瓦。围墙内可绿化区域采用不同树种组团，底部满铺麦冬或局部密植八角金盘，围墙内侧栽植一排紫薇，上部点缀红梅、香泡、朴树、樱花、枇杷、茶梅、桂花等乔木，中部围绕乔木簇拥点缀红叶石楠球、金森女贞球、红花檵木球等灌木，变配电所一侧和信号楼北侧栽植一排慈孝竹。

公安派出所小院围墙内部绿化区域底部满铺麦冬，中部密植八角金盘、红叶石楠、金森女贞等灌木，进门两侧及围墙内侧上部点缀栽植香泡、朴树、桂花、红枫、枇杷、紫薇、铁树等乔木，中部围绕乔木栽植红叶石楠球、金森女贞球、金边黄杨球、龟甲冬青球等球状灌木。

公安派出所小院围墙外侧至车站落客平台之间区域相应进行绿化，围墙外侧上部栽植一排桂花树，中部环形密植红叶石楠、金森女贞、红花檵木等灌木，底部满铺麦冬，如图5-2-8～图5-2-11所示。

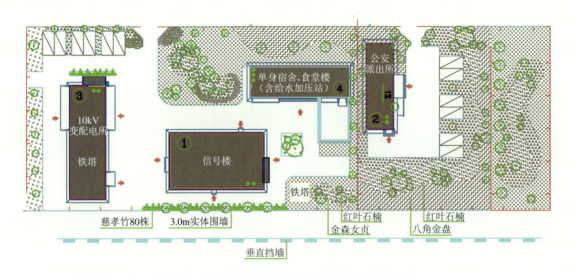

图 5-2-8 富阳站生活区绿化设计总平面图

图 5-2-9 富阳车站生活区绿化航拍图

图 5-2-10　富阳车站生活区绿化局部（2018 年）　　图 5-2-11　富阳车站生活区绿化局（2021 年）

（六）维修工区绿化

维修工区围墙内部绿化区域局部组团形成园林小品，底部满铺麦冬，中部密植红叶石楠、金森女贞、毛娟等灌木，上部点缀栽植香泡、茶花、桂花、朴树、鸡爪槭等乔木，中部围绕乔木栽植红叶石楠球、金森女贞球、海桐球、红花檵木球、龟甲冬青球等球状灌木，围墙内侧栽植一排紫薇，工区中央通行道路一侧栽植银杏树，如图 5-2-12 和图 5-2-13 所示。

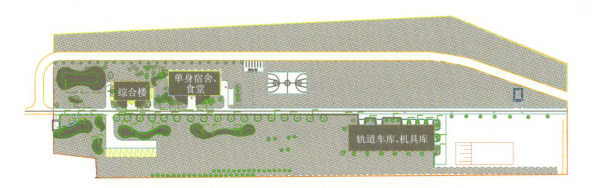

图 5-2-12　富阳维修工区绿化设计总平面图

图 5-2-13　富阳维修工区绿化航拍图

（七）站前广场绿化

站前广场包括匝道与落客平台、人行广场、大巴停车场、公园绿地、延伸广场等区域，如图 5-2-14 所示。

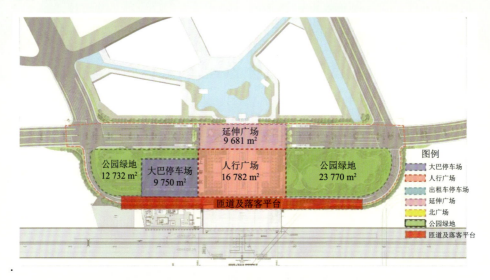

图 5-2-14　富阳站前广场功能分区图

1. 人行广场

人行广场重点突出景观设施与风雨廊道的结合，运用折纸概念推导，结合广场两侧廊道造型设计，形成与车站建筑的造型呼应，达到景观与建筑的统一。两侧廊架立面采用垂直绿化，结合富春山居图纹样设计，丰富广场绿植数量，如图 5-2-15～图 5-2-17 所示。

图 5-2-15　人行广场景观设计平面图

图 5-2-16　人行广场航拍图

图 5-2-17　人行广场局部实景

2. 公园绿地

公园绿地分为左侧公园绿地和右侧公园绿地两个部分。公园绿地的绿化主要以游憩为主，为周边的旅客提供一处游憩的绿地空间，植物选种采用乔灌草立体搭配，营造良好的休闲空间，如图 5-2-18～图 5-2-21 所示。

图 5-2-18　富阳站前广场右侧公园绿地景观　　图 5-2-19　富阳站前广场右侧公园绿地
　　　　　　设计平面图　　　　　　　　　　　　　　　　　　航拍图

图 5-2-20　富阳站前广场左侧公园绿地景观设计平面图　　图 5-2-21　富阳站前广场左侧公园绿地航拍图

3. 延伸广场

延伸广场融合交通疏导、休息活动等功能，广场上的植物采用色叶植物，两侧选用低矮常绿灌木，形成不同层次的景观透视效果，体现广场的大气与规整，如图 5-2-22～图 5-2-26 所示。

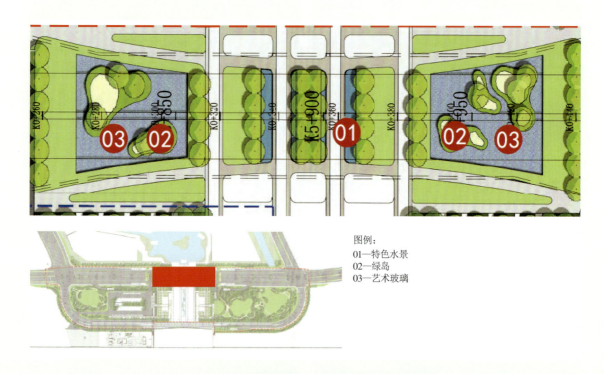

图例：
01—特色水景
02—绿岛
03—艺术玻璃

图 5-2-22　富阳延伸广场景观设计平面图

图 5-2-23　富阳延伸广场航拍图

图 5-2-24　延伸广场局部效果图　　　图 5-2-25　延伸广场局部航拍图

图 5-2-26　延伸广场局部实景

4. 退让绿地

退让绿地为站前广场右侧公园绿地与车站范围之间空地进行园林绿化,旨在将周边景观绿化连贯与协调,如图5-2-27～图5-2-31所示。

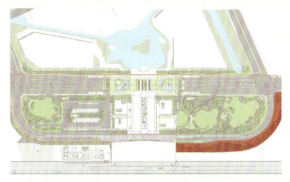

图5-2-27　退让绿地地理位置图

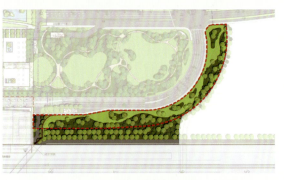

图5-2-28　退让绿地景观设计平面图

图5-2-29　退让绿地景观设计效果图

图5-2-30　退让绿地航拍图

图5-2-31　退让绿地局部实景

二、桐庐站

（一）车站概况

桐庐站位于浙江省桐庐县江南主城区南侧蒋陆家村。按一般中间站设计，设正线 2 条，到发线 2 条，设基本站台和侧式中间站台各一座，设旅客进出站地道一座。在线路右侧设线侧下式站房，车站最高聚集人数 1 000 人。综合维修车间及工区采用横列式布置，设在站房对侧，工区内大型养路机组停放线 1 条，抢修列停放线 1 条，作业车停放线 2 条。

（二）车站总体景观布局

桐庐站站房设计以国画焦墨运笔为灵感，同周边山体构成了"U"形景观山脉。车站背靠大奇山，面朝富春江，站房造型如同富春江上的帆船船头击起的层层波浪，整个站房造型中间部分犹如乘风破浪的船头，两侧部分为浪打船头，一层一层铺向远方，寓意浙西地区经济实力第一强县桐庐勇立潮头、奋楫扬帆。北宋名臣范仲淹感慨桐庐的奇山异水，赞之为"潇洒桐庐"。桐庐站站前广场建设滨水廊道，桐庐站航拍图如图 5-2-32 所示。

图 5-2-32　桐庐站航拍图

（三）站区与工区绿化美化总体规划

桐庐站站区与工区绿化美化按照一站一景进行总体规划设计。站区和工区绿化在可绿化的区域内进行园林造景，选用具有一定造型的植物进行组团和小品，形成"上乔、中灌、下花草"的立体绿化格局，如图5-2-33和图5-2-34所示。

图5-2-33　桐庐站站区绿化美化景观方案总平面图

图5-2-34　桐庐站工区绿化美化景观方案总平面图

（四）站区与工区并栋设计退让绿地

桐庐站站区将原给水加压站并入单身宿舍地下一层，桐庐站工区将原车间中食堂部分，以及变电所并入车间综合楼一层，取消原有油品间，节约土地3 980 m^2，全部作为退让绿地进行园林绿化，提高车站绿地率，如图5-2-35和图5-2-36所示。

图 5-2-35 桐庐站站区及工区并栋前效果图

图 5-2-36 桐庐站站区及工区并栋后效果图

(五)站区绿化

桐庐站的站区绿化主要是站台路基边坡、信号楼、10 kV变配电所、单身宿舍、公安派出所等区域的绿化。

1. 车站路基边坡绿化

站台路基边坡骨架内分层栽植红叶石楠、金边黄杨等灌木,空心砖内满铺麦冬,骨架底部栽植一排红叶石楠球,如图5-2-37所示。

图5-2-37　桐庐车站路基边坡绿化航拍图

2. 车站生活区绿化

桐庐站公安派出所、单身宿舍小院围墙为通透铁栅栏,每隔一段距离设置一节白墙青瓦。围墙内可绿化区域采用不同树种组团,底部满铺麦冬或局部密植金森女贞、红叶石楠、八角金盘、毛娟等,上部点缀香泡、茶花、桂花、鸡爪槭、红叶李、紫薇等乔木,中部围绕乔木簇拥点缀红叶石楠球、金森女贞球、红花檵木球等灌木,局部栽植一排慈孝竹。

信号楼、变配电所小院围墙内部绿化区域底部满铺麦冬或局部密植金森女贞、红叶石楠、毛娟等,上部点缀栽植红枫、桂花、茶花、鸡爪槭、紫薇等乔木,中部围绕乔木栽植红叶石楠球、金森女贞球、海桐球等球状灌木,靠近过围墙一侧栽植一排慈孝竹,如图5-2-38~图5-2-40所示。

图 5-2-38　桐庐站生活区绿化设计总平面图

图 5-2-39　桐庐车站生活区绿化航拍图

图 5-2-40　桐庐车站生活区绿化局部

（六）维修工区绿化

维修工区围墙内部绿化区域局部组团形成园林小品，底部满铺麦冬、兰花三七，中部密植红叶石楠、金森女贞、毛娟等灌木，靠近围墙一侧栽植一排南天竹，上部点缀栽植香樟、银杏、香泡、茶花、桂花、红叶李、紫薇、鸡爪槭等乔木，中部围绕乔木栽植红叶石楠球、金森女贞球、海桐球等球状灌木，如图5-2-41~图5-2-43所示。

图 5-2-41　桐庐维修工区绿化设计总平面图

图 5-2-42　桐庐维修工区绿化航拍图

图 5-2-43

图 5-2-43 桐庐维修工区绿化局部

（七）站前广场绿化

桐庐站前广场设计临摹山水神韵，隐喻山、水相依，用现代化的建筑手法，演绎国画的水墨山水，如图 5-2-44～图 5-2-46 所示。

图 5-2-44 桐庐站前广场景观设计平面图

图 5-2-45 桐庐站前广场航拍图

生态杭黄

图 5-2-46　桐庐站前广场局部实景

三、建德站

（一）车站概况

建德站位于浙江省建德市杨村桥镇外坞村东南侧。按一般中间站设计，大部分位于桥上，设正线 2 条，到发线 2 条，设基本站台和侧式中间站台各一座，设旅客进出站地道一座。在线路左侧设线侧下式站房，车站最高聚集人数为 1 000 人。

（二）车站总体景观布局

建德站景观总体构想源于被誉为新安十景之一的"慈岩悬楼"，因建筑一半嵌于岩腹，一半凌空绝壁，故被称为"江南悬空寺"，站房外观为"人"字形，外立面以红色为基调，车站总体色调为红房青瓦，如图5-2-47所示。

图 5-2-47 建德站航拍图

（三）站区绿化美化总体规划

建德站站区绿化美化按照一站一景进行总体规划设计。站区绿化在可绿化的区域内进行园林造景，选用具有一定造型的植物进行组团和小品，形成"上乔、中灌、下花草"的立体绿化格局，如图5-2-48所示。

图 5-2-48 建德站站区绿化美化景观方案总平面图

（四）站区并栋设计退让绿地

建德站站区取消给水加压站，生产生活污水排入市政污水管网，线路工区并入单身宿舍一层，节约土地 1 500 m²，全部作为退让绿地进行园林绿化，提高车站绿地率，如图 5-2-49 和图 5-2-50 所示。

图 5-2-49　建德站站区并栋前效果图

图 5-2-50　建德站站区并栋后效果图

(五)站区绿化

建德站的站区绿化主要是站台路基边坡、单身宿舍、信号楼、变配电所等区域的绿化。

1. 车站路基边坡绿化

路基边坡绿化骨架内满铺麦冬。

2. 车站生活区绿化

单身宿舍、信号楼、变电所可绿化区域采用不同树种组团，底部满铺麦冬、白三叶，北侧围墙内侧栽植一排香樟，上部点缀沙朴、海棠、苦楝、柑橘、胡柚、枇杷、红叶李、日本早樱、乌桕、金桂、杨梅、红枫等乔木，中部围绕乔木簇拥点缀金森女贞球、红花檵木球等灌木，如图5-2-51所示。

图 5-2-51　建德站生活区绿化设计总平面图

(六)站前广场绿化

建德站前广场以旅客休闲、游憩等为主要功能，兼顾绿化美化，广场东西两侧均以乔灌草不同搭配组成园林小品，如图5-2-52所示。

图 5-2-52　建德站前广场航拍图

四、千岛湖站

（一）车站概况

千岛湖站位于浙江省淳安县文昌镇文昌村西北侧。按一般中间站设计，为高架车站，主要办理旅客列车到发、通过及旅客乘降等业务，以通过作业为主，兼部分始发终到作业。千岛湖站设正线2条，到发线4条，设岛式中间站台两座。车站设1处进站通道和1处出站通道，跨线设施利用桥下空间。在线路正下方新建线正下式站房。车站最高聚集人数1500人。综合工区采用横列式布置，设在站房对侧右边，在牵出线上出岔，内设大型养路机组停放线1条，作业车停放线2条。

（二）车站总体景观布局

千岛湖站是一个线正下式高架车站，是一个建在"山边、湖边、溪边、桥边、村边"、"山上、湖上、溪上、桥上、村上"的"五边、五上"车站。"人"字形双坡造型的站房、错落有致的廊桥与周边山水融为一体，尽显江南建筑的婉约之美；站房外立面腰线的水波纹饰板、室内万字纹、顶棚中心旋转圆形灯屏，形成湖光潋滟、清澈空明的视觉美感；休闲区的巨幅砖雕文化墙、出站厅两侧"聚网捕鱼"等石雕作品，凸显文化底蕴。

千岛湖站站房采用了富有韵律的坡屋面设计，进站扶梯跨越潭头溪，成为依山傍水的生态车站。作为全国最美高铁线路，千岛湖站是整条线路上的一颗"璀璨明珠"，做到了一站一景、站城融合，形成了一道美丽风景线，如图5-2-53所示。

图5-2-53 千岛湖站航拍图

（三）站区与工区绿化美化总体规划

千岛湖站站区与工区绿化美化按照一站一景进行总体规划设计。站区和工区绿化在可绿化的区域内进行园林造景，选用具有一定造型的植物进行组团和小品，形成"上乔、中灌、下花草"的立体绿化格局，特别是在站区生活区域规划建设休闲公园，不仅立体化搭配树草种，而且配置方亭和廊亭，方便工作人员休闲游憩，如图 5-2-54 和图 5-2-55 所示。

图 5-2-54 千岛湖站区绿化美化景观方案总平面图

图 5-2-55 千岛湖维修工区绿化美化景观方案总平面图

（四）站区与工区并栋设计退让绿地

千岛湖站站区将原给水加压站并入单身宿舍地下一层，生产生活污水排入市政污水管网，千岛湖站工区将原工区食堂部分，以及变电所并入工区综合楼一层，取消原有油品间，节约土地850 m²，全部作为退让绿地进行园林绿化，提高车站绿地率，如图5-2-56和图5-2-57所示。

图5-2-56 千岛湖站站区并栋前效果图

图5-2-57 千岛湖站站区并栋后效果图

（五）站区绿化

千岛湖站的站区绿化主要是站台路基边坡、变配电所、公安派出所、单身宿舍、信号楼、休闲广场等区域的绿化。

1. 车站路基边坡绿化

千岛湖站两侧路堑边坡最大高度62 m，采用六级边坡防护，框架梁内砌筑空心砖，空心砖内客土分层栽植红叶石楠、金森女贞、夹竹桃等常绿小灌木，底部满铺麦冬等，这样的深路堑边坡由不同色系的常绿灌木组合而成，整体美观大气，色彩对比强烈，灌木萌根性强，根系发达，护坡固土效果明显，形成了四季常绿、三季有花、乔灌结合、错落有致、一处一景、交相呼应，如图 5-2-58 ～ 图 5-2-60 所示。

图 5-2-58 千岛湖站路堑边坡框架梁内空心砖客土植灌木

图 5-2-59　千岛湖站路堑边坡框架梁内空心砖客土植灌木

图 5-2-60　千岛湖站路堑边坡绿化航拍图

2. 车站生活区绿化

千岛湖站变配电所小院、公安派出所小院、单身宿舍和信号楼小院、休闲广场小院围墙为通透铁栅栏，每隔一段距离设置一节白墙青瓦。围墙内可绿化区域采用不同树种组团。

变配电所小院和公安派出所小院四围墙内侧周底部满铺麦冬，上部点缀栽植香樟、金桂、日本晚樱、紫薇、榉树、花石榴、红枫、紫玉兰等乔木，中部围绕乔木簇拥或间隔点缀红叶石楠球、紫荆球等球状灌木。

单身宿舍和信号楼小院、休闲公园小院四周围墙内侧和院内建筑旁可绿化区域底部满铺麦冬，上部点缀栽植杨梅、香樟、香泡、金桂、枇杷、日本晚樱、榉树、柑橘、紫薇、紫玉兰、茶花、花石榴、鸡爪槭、沙朴、紫叶李、银杏、乐昌含笑、黄金槐、腊梅、紫荆等乔木，中部围绕乔木簇拥或间隔点缀红叶石楠球、海桐球、金森女贞球、小叶女贞球、大叶黄杨球、茶梅球、黄杨柱、丛生木槿、杜鹃等球状或丛生灌木。

休闲公园内部不仅立体化搭配树草种，而且配置一座方亭和一座廊亭，方便工作人员休闲游憩，绿化树草种与方亭、廊亭、生产生活房屋、车站站房等合理布局搭配，粉墙黛瓦，绿树成荫，百花争艳，和谐共生，相合相融，构成一幅幅美丽动人画卷，如图5-2-61～图5-2-65所示。

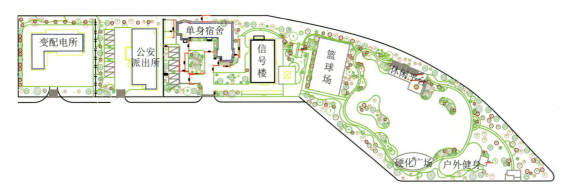

图5-2-61　千岛湖站区绿化设计总平面图

图5-2-62　千岛湖车站生活区休闲公园绿化局部照片和航拍图

图5-2-63　千岛湖车站生活区休闲公园方亭　　图5-2-64　千岛湖车站生活区休闲公园廊亭

图 5-2-65 千岛湖车站生活区绿化局部

（六）维修工区绿化

维修工区围墙内部绿化区域局部组团形成园林小品，底部满铺麦冬或密植八角金盘、十大功劳等，中部密植红叶石楠、金森女贞等灌木，上部点缀栽植香樟、杨梅、紫玉兰、紫荆、乐昌含笑、花石榴、茶花、日本晚樱、紫薇、红枫等乔木，中部围绕乔木栽植红叶石楠球、金森女贞球、小叶女贞球、大叶黄杨球、海桐球等球状灌木，如图 5-2-66 和图 5-2-67 所示。

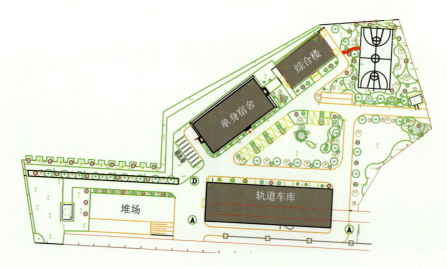

图 5-2-66 千岛湖维修工区绿化设计总平面图

图 5-2-67 千岛湖维修工区绿化航拍图

（七）站前广场绿化

千岛湖站前广场打造景观水系、环站景观绿道、观景平台等自然景观点，以旅客休闲游憩等为主要功能，兼顾绿化美化，广场绿化以乔灌草不同搭配组成园林小品。一条潭头溪环绕千岛湖车站，一座廊桥与周边山水融为一体，使得车站依山傍水，体现江南水乡之韵美，如图 5-2-68～图 5-2-71 所示。

图 5-2-68 千岛湖站前广场航拍图

图 5-2-69　千岛湖站前广场绿化局部

图 5-2-70　千岛湖站前广场潭头溪上廊桥

图 5-2-71　千岛湖站前广场潭头溪

五、三阳站

（一）车站概况

三阳站位于安徽省歙县三阳乡叶村。按中间站设计，为高架车站，设正线2条，到发线2条，上、下行到发线及站台纵向错列布置，上、下行到发线及站台纵向错列布置，车站两端均位于三线隧道内。三阳站设基本站台和侧式中间站台各一座，为线侧下式站房。

（二）车站总体景观布局

三阳站站房的设计引入徽文化元素，保留徽派建筑白墙青瓦风格，凸显马头墙、屋脊等线条，同时倡导节能环保理念，双层夹胶玻璃幕墙替代实体白墙，增强自然采光及空间通透性，减少照明用电；墙体采用多孔隔热砖，保温隔热效果明显，降低了站内能耗，达到了节能环保的目的，如图5-2-72所示。

图 5-2-72 三阳站航拍图

（三）站区绿化美化总体规划

三阳站站区绿化美化按照一站一景进行总体规划设计。站区绿化在可绿化的区域内进行园林造景，选用具有一定造型的植物进行组团和小品，形成"上乔、中灌、下花草"的立体绿化格局，如图5-2-73所示。

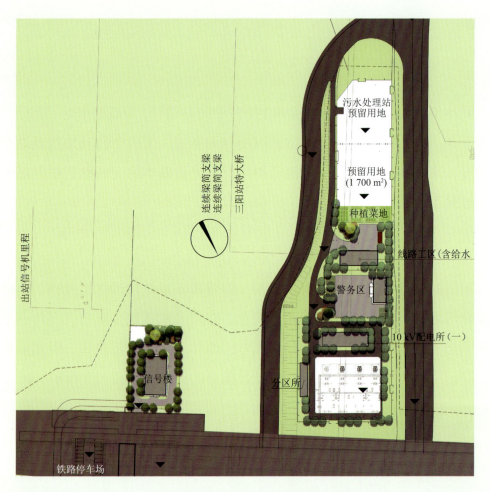

图 5-2-73　三阳站站区绿化美化景观方案总平面图

（四）站区并栋设计退让绿地

三阳站站区原给水加压站并入线路工区用房地下一层，节约土地 600 m²，全部作为退让绿地进行园林绿化，提高车站绿地率，如图 5-2-74 和图 5-2-75 所示。

图 5-2-74　三阳站站区并栋前效果图

图 5-2-75　三阳站站区并栋后效果图

（五）站区绿化

三阳站的站区绿化主要是站台路基边坡、分区所、警务区、信号楼等区域的绿化。

1. 车站路基边坡绿化

车站范围路基边坡骨架内栽植红叶石楠、金森女贞等灌木，底部满铺麦冬。

2. 车站生活区绿化

分区所、警务区的区域绿化底部满铺麦冬、白三叶、葱兰、玉龙草等花草，中部密植金边黄杨、金森女贞、红叶石楠、海桐、毛娟等小灌木，上部点缀栽植香樟、金桂、无患子、黄山栾树、桂花、银杏、高杆大叶女贞、紫薇、铁树等乔木，围绕乔木簇拥点缀红叶石楠球、海桐球、金森女贞球等球状灌木，如图5-2-76所示。

图 5-2-76　三阳站生活区绿化航拍和设计图

信号楼小院围墙内侧绿化区域中部密植金边黄杨、海桐等小灌木，上部点缀栽植紫薇、紫叶李、桂花等乔木，围绕乔木簇拥点缀红叶石楠球、金森女贞球等球状灌木。

电梯井外侧栽植常春藤攀缓植物，站房其他可绿化区域桂花、红叶石楠球、金森女贞球、茶树球、海桐球间隔或簇拥搭配。

六、既有车站

（一）绩溪北站

1. 车站概况

绩溪北站位于安徽省绩溪县华阳镇朗坑村。按中间站设计，线路别分场布置，合福场位于北侧，杭黄皖赣场位于南侧。杭黄皖赣场为杭黄高铁中穿，皖赣扩能改造工程双线外包。总规模为8台面14线，设基本站台1座和中间站台4座，其中合福场为3台面5线，杭黄皖赣场为5台面9线。综合工区采用横列式布置，设在站房同侧左边。站房位于线路左侧，为线侧平式站房。车站最高聚集人数1 500人。

2. 车站总体景观布局

绩溪北站以古徽新韵、和谐盛世为建筑创意，用现代材质手法进行表达，创造出别具一格的建筑形象，车站以便捷的人流、物流功能及完善的功能配套，成为绩溪县一颗强劲跳动的心脏，如图5-2-77所示。

图5-2-77　绩溪北站

3. 站区绿化

站台路基边坡骨架内栽植红叶石楠、金森女贞等灌木，围墙内侧栽植夹竹桃、紫薇等，坡脚栽植一排金森女贞球或红叶石楠球，如图5-2-78所示。

图5-2-78　绩溪北站站区绿化局部

绩溪北站站区杭黄高铁与合福铁路两线之间的夹心地绿化采用底部满铺麦冬，中部密植金森女贞和红叶石楠，上部点缀栽植红叶李和高杆大叶女贞，如图5-2-79所示。

图5-2-79　绩溪北站站区夹心地绿化局部

4. 工区绿化

绩溪北站工区绿化采用局部组团，底部满铺麦冬、葱兰，总部点缀金森女贞球、海桐球、红叶石楠球等球状灌木，上部点缀栽植朴树、金桂、海棠、枇杷、红叶李、日本早樱、黄山栾树、柑橘、胡柚、榉树、茶梅、红枫、鸡爪槭、杨梅、香樟等乔木。预留用地满铺白三叶，如图5-2-80所示。

图5-2-80　绩溪北站工区局部绿化

（二）歙县北站

1. 车站概况

歙县北站为位于安徽省歙县主城区北部承狮村。按中间站设计，按线路别分场布置，合福场位于南侧，杭黄皖赣场位于北侧，总规模为4台面8线，合福场及杭黄皖赣场均为2台面4线。新建侧式中间站台1座，利用合福铁路中间站台1座。

2. 车站总体景观布局

歙县北站站房造型着重体现徽派特色的和谐元素，以统一重复的建筑元素来刻画建筑，如图5-2-81所示。

图5-2-81 歙县北站航拍图

3. 站区绿化

站台路基边坡骨架内栽植红叶石楠、金森女贞等灌木，围墙内侧栽植夹竹桃等，坡脚栽植一排金森女贞球或红叶石楠球。

（三）黄山北站

1. 车站概况

黄山北站位于安徽省黄山市徽州区岩寺镇长林村。按始发客运站设计，按线路别分场布置，合福场设于南侧，杭黄皖赣场位于北侧。总规模为14台面18线。合福场为6台面8线，杭黄皖赣场为8台面10线。杭黄皖赣场设中间站台4座。综合工区采用纵列式布置，位于车站东端合福场与杭黄皖赣场间，在合福铁路工程基础上改造。动车组存车场设于车站西侧，动车组出入段线按2条设计，分设在杭黄场两侧。下行侧动车出入段线与合福场连通。动车组存车场及动车走行线为杭黄高铁。站房位于线路左侧，为线侧平式站房。站房位于线路左侧，为线侧平式站房，车站最高聚集人数4 000人。

2. 车站总体景观布局

黄山北站站房造型总体构想源于黄山的迎客松及云海，既有迎客松的苍翠挺拔、隽秀飘逸；又有云海的波起峰涌，惊涛拍岸，如图5-2-82所示。

图5-2-82　黄山北站航拍图

3. 站区绿化

站台路基边坡骨架内栽植红叶石楠、金森女贞等灌木，围墙内侧栽植夹竹桃等，坡脚栽植一排金森女贞球或红叶石楠球。

七、车站"一站一景"赏析

车站"一站一景"赏析如图5-2-83～图5-2-86所示。

生态杭黄

图 5-2-83　富阳站

图 5-2-84　桐庐站

图 5-2-85　建德站

图 5-2-86　千岛湖站

第三节 隧道穿峦越嶂，一洞一景

杭黄高铁隧道洞口绿化考虑洞门视角的聚焦性和连续性，将隧道进出口与连接隧道的路基段进行整体设计。首先考虑铁路隧道洞门施工完成后生态恢复功能，包括洞门仰坡和周边山体自然景观的融合，再是实现隧道边仰坡的色彩层次感与立体感，部分陡峭地段洞门依据现场环境要素凸显隧道洞门垂直绿化的特点，连接隧道洞门的线路部分绿化按线路地段绿化要求与隧道洞门绿化保持视觉上的连续设计。重点绿化地段隧道洞门绿化按"一洞一景"进行设计，一般绿化地段隧道洞门绿化主要以生态修复、防治水土流失为主进行设计。

一、隧道洞口重点绿化地段绿化

杭黄高铁将邻近车站、城市建成区、村镇、高速公路、道路交叉、风景区等景观要求较高的路段的隧道洞口作为重点绿化隧道，确定了汤青山隧道进口、金锅岭隧道出口、桐庐隧道进口等41处重点绿化隧道洞口，按照"一洞一景"进行专项绿化设计。

（一）隧道洞口重点绿化地段设计方案

1. 重点绿化隧道洞门整体区域采用园林式绿化模式，充分考虑层次性，在隧道仰坡平台及堑顶选用高杆红叶石楠、红枫、红叶李、鸡爪槭、四季桂、茶花和紫薇等组合，在边坡拱形骨架内选用红叶石楠、金森女贞、红花檵木、毛杜鹃等常绿小灌木进行色彩搭配。

2. 隧道仰坡框架梁和拱形骨架内可采取客土植草、客土植常绿小灌木，空心砖内一穴一株，种植视仰坡高度采用分层布置栽植，选用红叶石楠、金森女贞、红花檵木等常绿小灌木进行间隔色带搭配，或每个框架梁和拱形骨架内点缀1～2颗球类灌木，同时在每层色带下边缘栽植一排地被植物，如麦冬、葱兰等。

3. 隧道仰坡框架梁和拱形骨架外至防护栅栏区域，重点隧道洞门该区域栽植常绿小灌木，常绿球类、常绿花灌木和满铺麦冬进行搭配。沿隧道洞门防护栅栏间隔种植常绿花灌木。

4. 在岩石、碎石坡面、陡峭条件恶劣的隧道洞门采取挂网喷播、攀岩、基材植生、垂直绿化等手段达到恢复原环境绿色生态为主，垂直绿化以四季常绿为主，以花灌木和草花点缀为辅，达到体现垂直绿化中植物的抗逆性及草、花、灌木季节变化特点的效果。

5. 隧道洞门边仰坡基材植生边坡防护地段，按照基材植生防护处理，栽植物种选择常绿小灌木等及加播适量常绿花灌木，点缀多年生草花种。

6. 明洞及隧道明挖施工地段，重点地段栽植常绿小灌木，常绿球类、常绿花灌木搭配栽植，沿隧道洞门防护栅栏间隔种植常绿花灌木，底部满铺麦冬。

（二）汤青山隧道进口绿化

汤青山隧道进口紧邻杭新景高速公路，景观要求高。

隧道洞脸边仰坡框架梁和拱形骨架内可采取客土植草（麦冬）、客土植常绿小灌木，种植视仰坡高度采用分层布置栽植，选用红叶石楠、金森女贞、海桐等常绿小灌木进行间隔色带搭配，或每个框架梁和拱形骨架内点缀1～2棵球类灌木。

骨架外至防护栅栏区域栽植常绿小灌木、常绿球类、常绿花灌木和满铺麦冬进行搭配，间距3m。沿隧道洞门防护栅栏每隔3m种植以夹竹桃为主的常绿花灌木。

洞口顶部边坡满铺麦冬，采用金森女贞小灌木布局成为富春江山水图，采用海桐球、桂花树、红叶石楠球点缀在富春江两侧，好似江流两岸的村庄，构成一幅美轮美奂的"富春山水图"，如图5-3-1和图5-3-2所示。

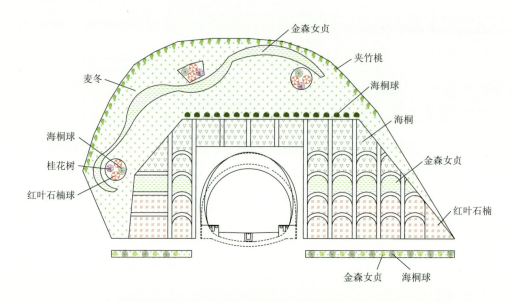

图 5-3-1　汤青山隧道进口洞门绿化示意图

图 5-3-2　汤青山隧道进口洞门绿化实景

（三）金锅岭隧道出口绿化

金锅岭隧道出口作为杭黄高铁绿化试验段，先期实施"一洞一景"设计方案，并将试验成果转化为样板全线推广。

隧道洞脸边仰坡拱形骨架上栽植红叶石楠、金森女贞小灌木及麦冬草类。洞顶平台栽植一排红叶石楠球和海桐球，排水沟外侧与防护栅栏之间种植一排紫薇和鸡爪槭相交搭配。这种隧道洞口边仰坡季节性色彩变化明显，整齐美观，并达到四季常青的绿化效果，如图 5-3-3 和图 5-3-4 所示。

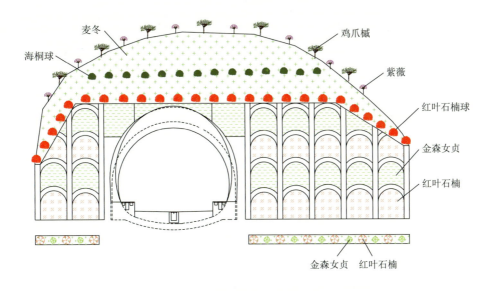

图 5-3-3　金锅岭隧道出口洞门绿化示意图

图 5-3-4　金锅岭隧道出口洞门绿化实景

（四）桐庐隧道进口绿化

桐庐隧道进口邻近桐庐车站，景观要求高。

洞脸边仰坡拱形骨架上栽植红叶石楠、红花檵木、金森女贞小灌木；洞顶骨架内栽植麦冬，每个骨架内栽植海桐球；洞顶平台栽植一排红叶石楠球和一排桂花，排水沟外侧与防护栅栏之间种植一排夹竹桃，如图5-3-5和图5-3-6所示。

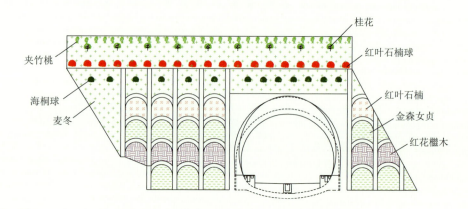

图 5-3-5　桐庐隧道进口洞门绿化示意图

图 5-3-6　桐庐隧道进口洞门绿化实景

（五）荷花塘隧道出口绿化

荷花塘隧道出口作为杭黄高铁绿化试验段，先期实施"一洞一景"设计方案，并将试验段成果转化为样板段全线推广。

隧道洞脸边仰坡拱形骨架上栽植红花檵木、金森女贞小灌木；洞顶上半部分每个骨架内栽植海桐球；洞口西北侧边坡整治采用红花檵木和金鸡菊组成杭黄高铁线路图，将金森女贞球点缀在线路上代表杭黄高铁10个车站，同时采用红枫在坡面上进行点缀，将传统山水画布局融入整个洞口园林造景工作中，带似水，树拟山，表达"绿水青山"的美好寓意，如图5-3-7和图5-3-8所示。

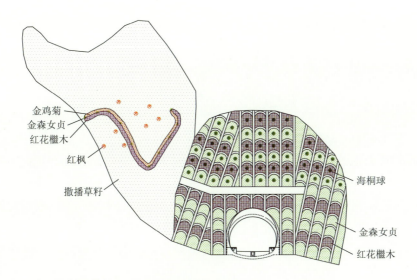

图 5-3-7　荷花塘隧道出口洞门绿化示意图

图 5-3-8　荷花塘隧道出口洞门绿化实景

（六）罗家坞隧道出口绿化

罗家坞隧道出口紧邻杭新景高速公路，景观要求高。

隧道洞脸边仰坡拱形骨架上栽植红叶石楠、红花檵木、金森女贞小灌木；洞顶骨架内栽植麦冬；骨架外侧至排水沟之间采用喷混植生进行绿化，排水沟外侧与防护栅栏之间种植一排夹竹桃，如图 5-3-9 和图 5-3-10 所示。

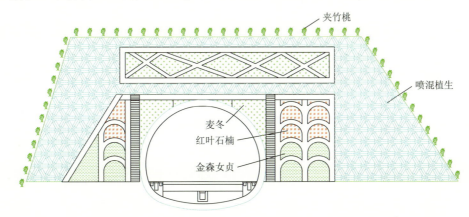

图 5-3-9　罗家坞隧道出口洞门绿化示意图

图 5-3-10 罗家坞隧道出口洞门绿化实景

二、隧道洞口一般绿化地段绿化

杭黄高铁除了重点绿化隧道洞口，其他隧道洞口绿化主要以恢复生态和植被恢复、防治水土流失为主，与周边自然环境相协调。

（一）隧道洞口一般绿化地段设计方案

1. 一般绿化隧道洞口边仰坡框架梁和拱形骨架内可采用种植常绿灌木、植草和撒播草籽相结合方式进行绿化。

2. 隧道洞口仰坡框架梁和拱形骨架外至防护栅栏区域采用撒播草籽，点缀球类、花灌木为辅。沿隧道洞门防护栅栏间隔种植常绿花灌木。

（二）其他一般绿化隧道洞口绿化

一般绿化隧道洞口边仰坡拱形骨架上栽植红花檵木、金森女贞小灌木，洞顶平台和骨架外侧满铺麦冬，排水沟外侧与防护栅栏之间种植一排夹竹桃，如图 5-3-11 和图 5-3-12 所示。

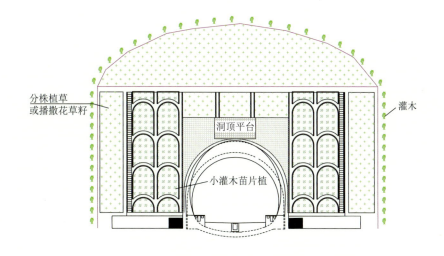

图 5-3-11　一般绿化地段隧道洞门绿化示意图

图 5-3-12　一般绿化地段隧道洞门绿化实景

三、隧道洞口岩石边坡创新绿化

随着高速铁路的发展，越来越多的铁路要求设计考虑绿色防护的景观效果。对于岩质路堑边坡，常用的绿色防护措施有基材植生等防护措施，目前常用的硬质岩路堑边坡绿色防护中植物根系均是直接位于边坡范围，当边坡较陡时，可能影响植被长期稳定地生长。

石碣隧道出口裸露岩石边坡绿化是杭黄高铁绿化的难题，该隧道洞口创新应用挂网攀缘植被生态护坡特殊结构形式进行绿化,该特殊结构一方面起到防止岩石长期暴露加剧风化进程,防止坡面局部溜坍,另一方面解决岩石边坡绿化问题。该隧道洞口绿化效果很明显,施工完成不到两年,攀爬高度已达 4 m 以上,如图 5-3-13 和图 5-3-14 所示。

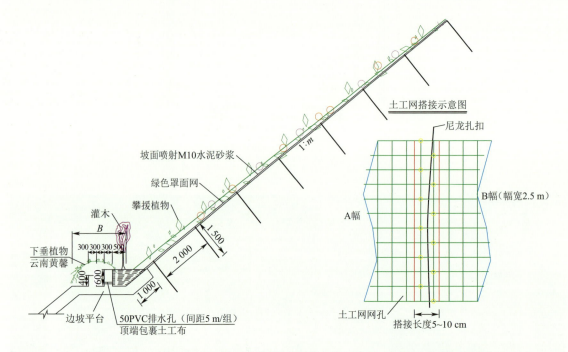

图 5-3-13　路基岩石边坡挂网攀缘植被生态工程示意图(单位:mm)

图 5-3-14　石碣隧道出口仰坡挂网攀缘植被绿化

四、隧道"一洞一景"赏析

隧道"一洞一景"赏析如图 5-3-15 ～图 5-3-18 所示。

图 5-3-15 隧道洞口绿化设计(1)

图 5-3-16 隧道洞口绿化设计(2)

图 5-3-17 隧道洞口绿化设计（3）

图 5-3-18 隧道洞口绿化设计（4）

第四节　路基挖堑填堤，一处一景

杭黄高铁路基绿化考虑边坡稳定、行车安全、易于养管以及绿色廊道建设的连续性和整体性，绿化范围包括路基边坡、路堑侧沟平台、路堤坡脚或堑顶至铁路用地界的区域，按照"内灌外乔、灌草结合"布置。绿化设计前划分重点绿化与一般绿化地段，重点绿化地段按照行车方向将坡面划为若干部分，视坡面高度采用分层布置，选用常绿小灌木进行间隔色带搭配，原则上一个坡面最多不超过三种色带，植物色彩配置上兼顾乘客视觉感受与铁路周边自然景观的融合与统一，达到"一处一景"绿化效果。一般绿化地段采用满铺小灌木或撒播草籽进行常规绿化。

一、路堤绿化设计

路堤绿化范围一般包括路堤坡面、坡脚至排水沟、排水沟至用地界三个部分。

（一）路堤重点绿化地段绿化设计

1. 路堤坡面

路堤坡面防护工程措施包括框架梁护坡和骨架护坡等形式，考虑易于养管和铁路安全性，重点绿化地段路堤坡面按照行车方向均分为若干部分，视坡面高度采用分层布置栽植，选用红叶石楠、金森女贞、红花檵木等2年以上3分支常绿小灌木进行间隔色带搭配，或点以球类为主线性布置，同时在每层色带下边缘栽植一排麦冬，原则上一个坡面最多不超过三种色带。

2. 坡脚至排水沟

路堤坡脚至排水沟长条区域中部间隔3～5m栽植常绿小灌木或灌木球，选用红叶石楠球、金森女贞球、海桐球等，底部满铺地被植被或撒播草籽，选用麦冬、葱兰等。

3. 排水沟至用地界

路堤排水沟至用地界按照"内灌外乔、灌草结合"配置，由内向外依次种植一排花灌木和一排小乔木，花灌木选用夹竹桃为主（花期6～9月）配合木芙蓉（花期8～11月）、紫荆（3～4月）、紫薇（5～10月）等，株距2～3m，行距2～5m，切呈品字型布局，乔木选择高杆红叶石楠、高杆大叶女贞、红叶李、乐昌含笑等有色景观树种，采取落叶与常绿交替种植，株距6m，如图5-4-1和图5-4-2所示。

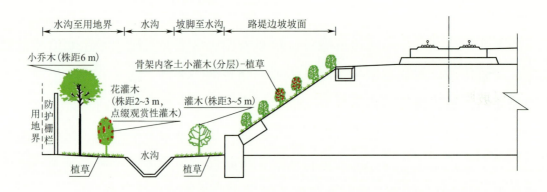

图5-4-1 路堤重点绿化地段绿化断面示意图

图5-4-2 路堤重点绿化地段绿化实景

4. 路堤坡底至用地界（无水沟时）

路堤重点绿化地段坡底至用地界无水沟时按照"内灌外乔、灌草结合"配置，由内向外依次种植一排球类（红叶石楠、红花继木、金叶女贞、金森女贞、黄杨）及一排观赏花（叶）灌木（紫薇、木槿、红枫、垂丝海棠、樱花、茶花、红叶李、桂花），然后种植一排亚乔木（高杆大叶女贞、高杆红叶石楠、白玉兰等），具体规格参照有水沟时苗木规格。

（二）路堤一般绿化地段绿化设计

1. 路堤坡面

一般绿化地段路堤坡面可采用满铺麦冬、葱兰等草本的方式进行绿化。

2. 坡脚至排水沟

路堤坡脚至排水沟长条区域中部间隔5~8 m点缀栽植常绿小灌木或灌木球，选用红叶石楠球等，底部一般满铺麦冬。

3. 排水沟至用地界

路堤排水沟至用地界种植一到两排花灌木，花灌木选用夹竹桃为主，株距2~3 m，如图5-4-3和图5-4-4所示。

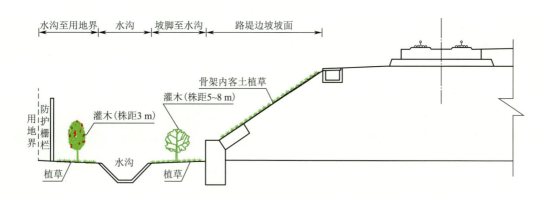

图5-4-3　路堤一般绿化地段绿化断面示意图

图5-4-4　路堤一般绿化地段（有水沟）绿化实景

路堤一般绿化地段无水沟时配置按照一排观赏花（叶）灌木（紫薇、木槿、红枫、垂丝海棠、樱花、茶花、红叶李、桂花），然后种植一排亚乔木（高杆大叶女贞、高杆红叶石楠、白玉兰等），适当增大栽植间距，缩小规格，如图5-4-5所示。

图5-4-5　路堤一般绿化地段（无水沟）绿化实景

杭黄高铁路堤矮边坡撒播草本花种或空心砖内栽植草本，如白花葱兰、麦冬等，如图5-4-6～图5-4-8所示。

图5-4-6　路堤一般绿化地段边坡撒播白花葱兰绿化实景

图 5-4-7　路堤一般绿化地段空心砖内撒播白花葱兰绿化实景

图 5-4-8　路堤一般绿化地段空心砖内栽植麦冬绿化实景

远离城镇、村庄、高等级公路等的山区地段，路基拱形骨架内栽植麦冬，间距0.3m，梅花形布置，临近村庄附近路段每个骨架内点缀花灌木，如图5-4-9所示。

图5-4-9　路堤一般绿化地段拱形骨架内栽植麦冬及点缀花灌木绿化实景

刚性路基采用混凝土填筑，为了便于绿化，路堤两侧码砌生态袋进行绿化或改为帮填C组填料，其边坡可采用拱（方）形截水骨架护坡、空心砖护坡内栽植灌木、撒草籽等进行绿化，如图5-4-10和图5-4-11所示。

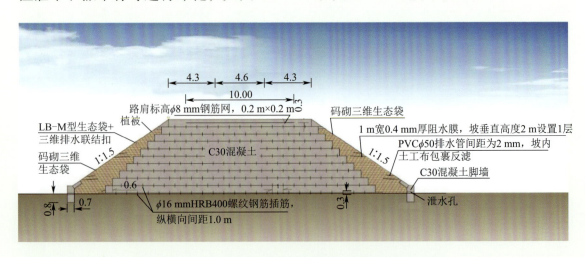

图5-4-10　刚性路基绿化横断面示意图（单位：m）

图 5-4-11 刚性路基绿化实景

二、路堑绿化设计

路堑绿化范围一般包括路堑坡面、侧沟平台和坡脚平台、堑顶至天沟、天沟至用地界四个部分。

（一）路堑重点绿化地段绿化设计

1. 路堑坡面

路堑重点绿化地段坡面防护重点考虑边坡稳定与绿色通道的连续性，植物配置上兼顾旅客视觉感受与铁路外部自然景观的融合与统一。按照行车方向均分坡面为若干部分，视坡面高度采用分层布置栽植，选用红叶石楠、金森女贞、红花檵木等 2 年以上 3 分支常绿小灌木进行间隔色带搭配，或点以球类为主线性布置，同时在每层色带下边缘栽植一排麦冬，最下面一层色带下边缘栽植一排黄馨，原则上一个坡面最多不超过三种色带。

2. 侧沟平台和坡脚平台

侧沟平台和坡脚平台种植槽内选择红叶石楠、金森女贞等常绿球搭配，底部栽植葱兰、麦冬等草本植物进行绿化。

3. 堑顶至天沟

堑顶至天沟之间长条范围内栽植一排或两排常绿小灌木，中间点缀花灌木。

4. 天沟至用地界

路堑天沟至用地界在较宽堑顶按照"内灌外乔、内低外高"布置，乔木选择上选择生长速度慢的常绿有色景观树种（高杆红叶石楠、高杆大叶女贞），灌木选择常绿花灌木，以夹竹桃为主。

根据沿线气候特征、立地条件、自然景观等因素，结合先导性试验，将高杆红叶石楠、高杆大叶女贞等适生树种应用于南方地区高速铁路绿色通道工程设计中，在南方地区高速铁路绿色通道设计中具有引领作用，如图5-4-12所示。

图5-4-12 高杆红叶石楠绿化实景

重点绿化地段路堑边坡种植红叶石楠、海桐小灌木，侧沟平台种植金森女贞球，堑顶种植夹竹桃等灌木。沿列车行走方向将边坡塑造出红绿相隔的色带，色彩对比强烈，达到四季常青的效果，如图5-4-13～图5-4-16所示。

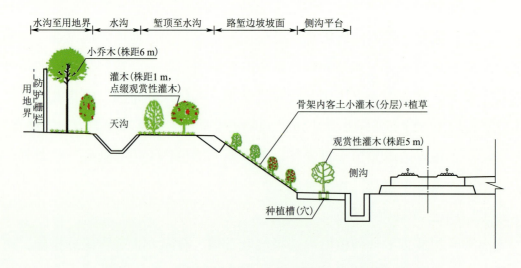

图5-4-13 路堑有侧沟重点绿化地段绿化断面示意图

图 5-4-14　路堑有侧沟重点绿化地段绿化实景

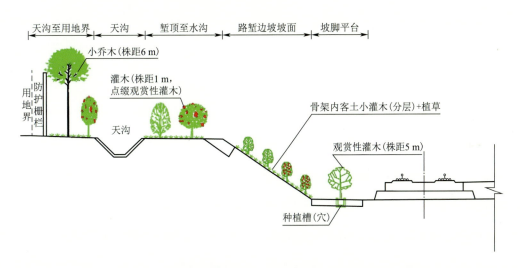

图 5-4-15　路堑无侧沟重点绿化地段绿化断面示意图

图 5-4-16　路堑无侧沟重点绿化地段绿化实景

路堑矮边坡重点绿化地段底部满铺麦冬，再辅以金森女贞带和红叶石楠带组合造景，点缀红花檵木球，堑顶至用地界间隔栽植夹竹桃、高杆红叶石楠、紫薇等，如图 5-4-17 和图 5-4-18 所示。

图 5-4-17　路堑矮边坡重点绿化地段绿化实景　　图 5-4-18　路堑矮边坡重点绿化地段绿化实景

路堑侧面三角地带采用花灌木（鸡爪槭、红枫、四季桂、苏铁等）+球类（茶花、杜鹃、红叶石楠、金森女贞、毛娟）+色块（毛娟+花叶芦苇、盲草）+置石的组合方式，通过乔灌地的多层配置，形成高低错落、色彩多变的植物景观，如图 5-4-19 所示。

图 5-4-19　路堑侧面三角地带重点绿化地段局部园林造景实景

深路堑重点绿化地段需要辅以支挡结构进行护坡，堑顶种植一排高杆红叶石楠，路堑边坡框架梁内砌筑空心砖，空心砖内客土分层栽植红叶石楠和金森女贞常绿小灌木，底部平台种植一排红叶石楠。这样的深路堑边坡由不同色系的常绿灌木组合而成，整体美观大气，色彩对比强烈，灌木萌根性强，根系发达，护坡固土效果明显，如图 5-4-20 和图 5-4-21 所示。

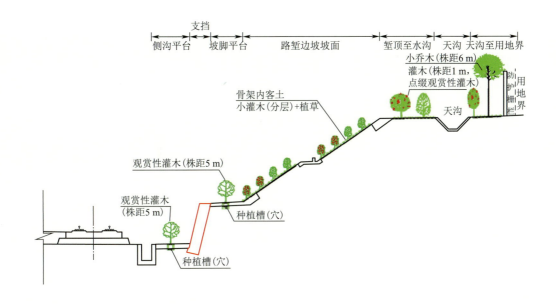

图 5-4-20 路堑支挡重点绿化地段绿化断面示意图

图 5-4-21 路堑支挡重点绿化地段绿化实景

（二）路堑一般绿化地段绿化设计

1. 路堑坡面

路堑一般绿化地段坡面防护重点考虑边坡稳定性，坡面一般在骨架内栽植草本，如麦冬、葱兰等；坡面空心砖内栽植草本；或骨架内灌草结合，栽植常绿小灌木。

2. 侧沟平台和坡脚平台

侧沟平台和坡脚平台种植槽内选择栽植常绿小灌木，底部栽植麦冬等草本植物进行绿化。

3. 堑顶至天沟

堑顶至天沟之间长条范围内栽植一排或两排常绿小灌木。

4. 天沟至用地界

路堑天沟至用地界布置常绿花灌木，如夹竹桃等，如图5-4-22～图5-4-25所示。

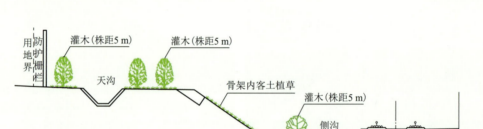

图5-4-22 路堑有侧沟一般绿化地段绿化断面示意图

图5-4-23 路堑有侧沟一般绿化地段绿化实景

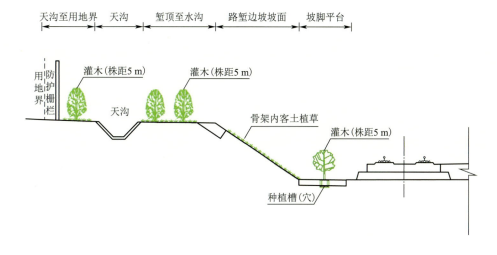

图 5-4-24　路堑无侧沟一般绿化地段绿化断面示意图

图 5-4-25　路堑无侧沟一般绿化地段绿化实景

深路堑一般绿化地段需要辅以支挡结构进行护坡，堑顶种植一排或两排夹竹桃，路堑边坡框架梁内客土栽植常绿小灌木，底部平台种植一排红叶石楠，如图 5-4-26 和图 5-4-27 所示。

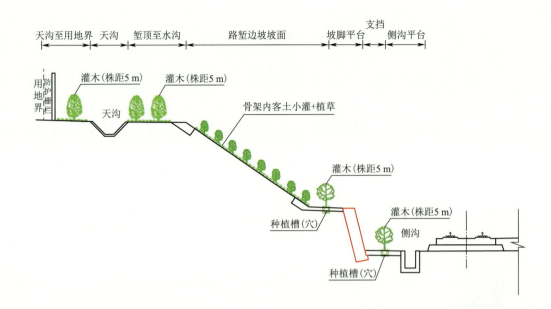

图 5-4-26　路堑支挡一般绿化地段绿化断面示意图

图 5-4-27　路堑支挡一般绿化地段绿化实景

深路堑框架梁内基材植生绿化采用挂网喷射基材与灌草结合，达到与周边生态环境相协调，如图 5-4-28 和图 5-4-29 所示。

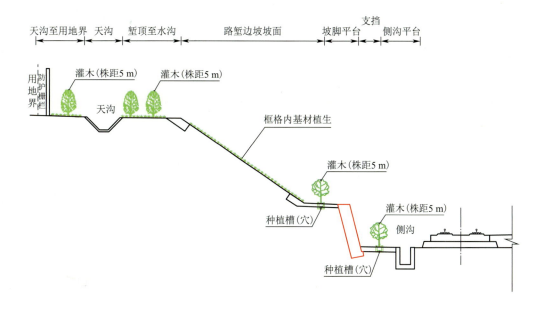

图 5-4-28 路堑支挡一般绿化地段基材植生绿化断面示意图

图 5-4-29 路堑支挡一般绿化地基材植生段绿化实景

三、平路基绿化设计

（一）平路基重点绿化地段绿化设计

平路基重点绿化地段按照"内灌外乔、灌草结合"配置，由内向外依次种植一排球类（红叶石楠、红花檵木、金叶女贞、金森女贞、黄杨）及一排观赏花（叶）灌木（紫薇、木槿、红枫、垂丝海棠、樱花、茶花、红叶李、桂花），然后种植一排小乔木（紫薇、高杆大叶女贞、高杆红叶石楠等），如图5-4-30所示。

图5-4-30　平路基重点绿化地段绿化实景

（二）平路基一般绿化地段绿化设计

平路基一般绿化地段由内向外依次种植一排观赏花（叶）灌木（红叶石楠、红花檵木、金叶女贞、金森女贞、黄杨），然后种植一排常绿小乔木（高杆大叶女贞、高杆红叶石楠等），适当增大栽植间距，缩小规格，如图5-4-31所示。

图5-4-31　平路基一般绿化地段绿化实景

四、路基夹心地绿化设计

路基之间的夹心地绿化设计一般采用中部密植金森女贞、红叶石楠等常绿小灌木，底部满铺麦冬等草本，部分路段上部点缀红叶李、高杆大叶女贞等小乔木，如图5-4-32所示。

图5-4-32　路基夹心地绿化实景

五、路基"一处一景"赏析

路基"一处一景"赏析如图5-4-33～图5-4-38所示。

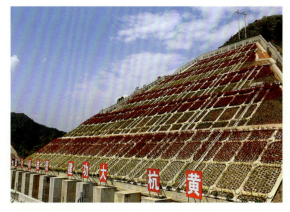

图5-4-33　路基绿化设计（1）

图5-4-34　路基绿化设计（2）

生态杭黄

图 5-4-35　路基绿化设计（3）

图 5-4-36　路基绿化设计（4）

图 5-4-37　路基绿化设计（5）

图 5-4-38　路基绿化设计（6）

第五节 桥梁衔路接隧，一桥一景

桥下绿化重点考虑铁路绿色廊道的连续性，实现铁路与周边山峦、河流、湖泊、公路、村庄等自然环境相协调统一。桥梁绿化范围包括桥下用地界内及适宜绿化的桥台锥体边坡等区域，划分重点绿化与一般绿化地段，并进行分类绿化，铁路桥梁与周边基础设施"并行、交跨、穿越"、邻近站区等特殊路段作为重点绿化地段，绿化树种多采用耐阴植物。重点绿化地段采用观赏性灌木、乔木搭配布置，桥下内侧播撒花草籽，达到"一桥一景"绿化效果。一般绿化地段桥下内侧宜以植草为主，两侧种植普通常绿灌木。

一、桥下重点绿化地段绿化

在桥下场地整平、栅栏网安装完的基础上，在距离栅栏网内侧沿线路两侧依次栽植一排常绿花灌木和一排小乔木。常绿花灌木选择夹竹桃、黄杨、金森女贞、冬青等，株距2 m；常绿小乔木选择高杆红叶石楠、紫薇等，株距3 m，底部撒播草籽。

在临近车站站场附近、重要交通枢纽交界处两侧的桥墩等人流密集穿越铁路处的桥下绿化可适当加强，适当点缀种植一些观赏性常绿灌木，如夹竹桃、迎春、黄馨、桃叶珊瑚、红叶石楠、八角金盘、海桐等。

（一）桥下净空高小于6 m绿化方案

当桥下净空高小于6 m时，宜选用不同种灌木搭配，株距为3～5 m，如图5-5-1和图5-5-2所示。

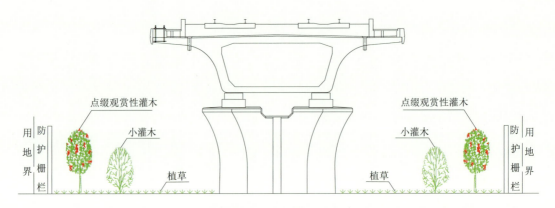

图 5-5-1　桥下重点绿化地段绿化断面示意图（桥下净空高小于 6 m）

图 5-5-2　桥下重点绿化地段绿化实景图（桥下净空高小于 6 m）

（二）桥下净空高大于 6 m 绿化方案

当桥下净空高大于 6 m 时，宜选用小乔木和灌木搭配种植，按里灌外乔，乔木株距不宜小于 10 m，两乔木间种植 2 株灌木，如图 5-5-3～图 5-5-5 所示。

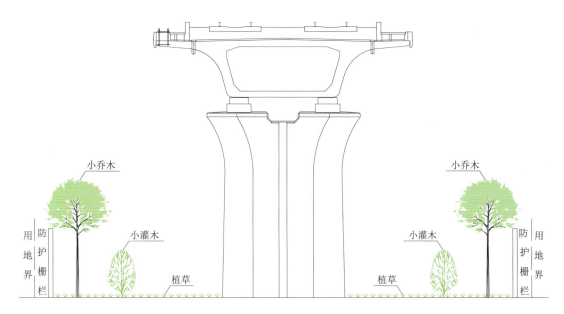

图 5-5-3 桥下重点绿化地段绿化断面示意图（桥下净空高大于 6 m）

图 5-5-4 桥下重点绿化地段绿化实景一（桥下净空高大于 6 m）

图 5-5-5 桥下重点绿化地段绿化实景二（桥下净空高大于 6 m）

二、桥下一般绿化地段绿化

对于一般桥下地段为绿化施工困难地段及荒山无人地段，主要以恢复生态为主，采用栽植灌木、花灌木和落叶灌木与播撒草籽防护为主，建议灌木栽植间距5 m，品种以夹竹桃、法国冬青为主，播撒草籽为三叶草、马棘等绿色周期长宜存活为主，如图5-5-6和图5-5-7所示。

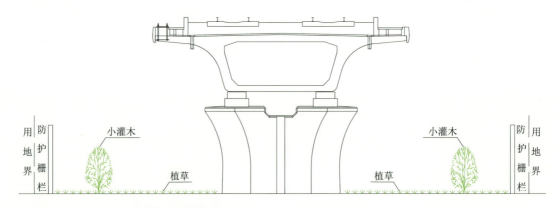

图5-5-6　桥下一般绿化地段绿化断面示意图

图5-5-7　桥下一般绿化地段绿化实景

三、桥梁"一桥一景"赏析

桥梁"一桥一景"赏析如图5-5-8～图5-5-19所示。

图 5-5-8　富春江特大桥

图 5-5-9　北村特大桥

生态杭黄

图 5-5-10 进贤溪大桥

图 5-5-11 传芳特大桥

图 5-5-12　杭黄高铁桥梁实景（1）

图 5-5-13　杭黄高铁桥梁实景（2）

图 5-5-14　杭黄高铁桥梁实景（3）

图 5-5-15　杭黄高铁桥梁实景（4）

图 5-5-16　杭黄高铁桥梁实景（5）

图 5-5-17　杭黄高铁桥梁实景（6）

图 5-5-18　杭黄高铁桥梁实景（7）

图 5-5-19　杭黄高铁桥梁实景（8）

第六节 弃渣场水土保持防护与生态修复

杭黄高铁弃渣场水土保持防护及生态修复践行"来时青山绿水、走时绿水青山"的生态理念，严格执行"一场一图"的相关要求，遵循"先拦后弃"的水土保持理念，布设工程措施与植物措施相结合的水土保持综合防治体系。重点绿化地段的弃渣场实施园林造景，达到与周边生态环境相协调目的；一般绿化地段弃渣场以恢复生态为主，所有弃渣场全部复垦复绿。

一、弃渣场水土保持防护

（一）弃渣场水土保持防护总体布局

弃渣场水土保持设计严格执行"一场一图"的相关要求，遵循"先拦后弃"的水土保持理念，采取工程措施与植物措施相结合，布设拦挡、排水、沉沙、边坡防护、绿化复垦等水土保持综合防治体系。弃渣前剥离表土单独存放并临时防护，渣场底部整平后布设渣底排水系统，场地下游设置混凝土挡渣墙，采取自下而上分层堆置并夯实，同时分级削坡并布设护坡，场地中央设置渣顶排水沟，周边设置截排水沟，排水沟末端设置沉沙池并顺接至周边自然排水系统，弃渣完成后进行土地整治并回覆表土，撒播草籽、栽植乔灌木或复耕，有效控制了弃渣场水土流失，达到恢复生态的目的。

（二）水土保持措施

1. 工程措施

（1）表土剥离与防护

弃渣前，将弃渣场占用耕地、林地等场地内表层腐殖土单独剥离、存放及临时防护，其中耕地剥离厚度30～50 cm，林地及草地剥离15～30 cm，如图5-6-1所示。

剥离的表土就近堆放在临时堆土场内，周边采用装土编织袋拦挡，上部覆盖密目网进行临时苫盖，如图5-6-2所示。

图5-6-1　弃渣前表土剥离　　　　图5-6-2　表土单独存放及临时防护

（2）挡渣墙

挡墙采用重力式挡墙，C20片石混凝土结构，挡墙高度主要有3 m、4 m、5 m、6 m、7 m和8 m等几种类型，根据不同渣场的堆渣高度等因素确定。

弃渣场采用C20片石混凝土挡墙护脚，垫顶平台宽度不小于2 m；挡墙基底埋深不小于1.5 m，基底换填0.5 m的碎石垫层。挡渣墙施作时应做好地基处理，基底承载力不小于250 kPa；为防止墙趾被水冲刷，在墙趾外5 m范围内用M10浆砌片石铺砌，铺砌厚35 cm。

挡渣墙背底部设置一层30 cm砂夹卵石反滤排水层，墙体上间距1.5 m×1.5 m设置一15 cm×20 cm泄水孔；挡渣墙每隔10 m设置一道伸缩缝，如图5-6-3所示。

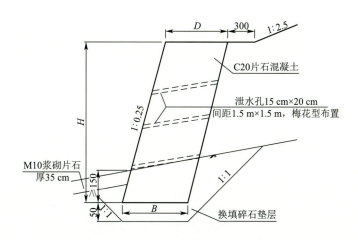

图5-6-3　挡渣墙断面示意图（单位：mm）

（3）截排水沟

弃渣场周边靠近山体侧设置截水沟，场地中央设置渣顶排水沟，截排水沟为梯形截水沟，同时在马道布设横向排水沟，排水沟尺寸与渣场设计截水沟一致。截水沟底宽0.6m，深0.6m，边坡比为1:1，沟道比降为1‰～2‰；渣顶排水沟底宽为3.0m，深1.5m，边坡比为1:1，渣顶排水沟比降为3‰，如图5-6-4～图5-6-7所示。

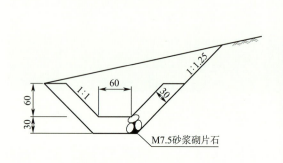

图5-6-4 截水沟断面示意图（单位：cm）

图5-6-5 截水沟实景

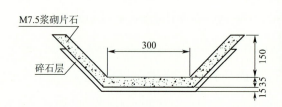

图5-6-6 渣顶排水沟断面示意图（单位：cm）

图5-6-7 渣顶排水沟实景

（4）渣底排水系统

弃渣前先将渣场底部进行清表、整平，清表厚度不小于0.5m。在渣场底整平后平行设置2根直径400mm打孔波纹管外包无纺布，2根直径400mm波纹管两侧连接直径100mm打孔波纹管外包无纺布，间距10m，树枝状布置，如图5-6-8所示。

直径400mm波纹管在管周上半部打孔，安装时打孔侧朝上，无孔部分埋设水泥砂浆保护层上（并

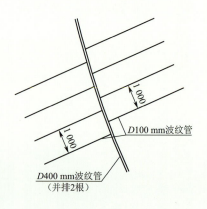

图5-6-8 渣底排水波纹管布置示意图（单位：cm）

位于地面下，施工中应先挖槽），直径 100 mm 波纹管同直径 400 mm 波纹管的中部连接，如图 5-6-9 和图 5-6-10 所示。

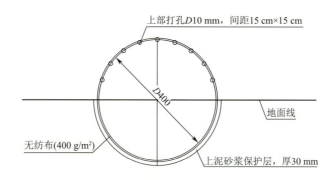

图 5-6-9　直径 400 mm 示意图

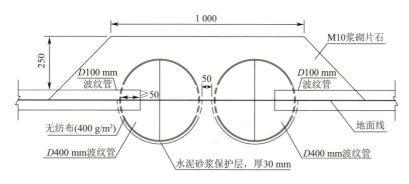

图 5-6-10　波纹管接头示意图（单位：mm）

（5）沉沙池

对于弃渣场现场地形坡度大，水流冲力大的弃渣场，需要在截水沟末端接沉沙池以防止冲刷。沉沙池采用混凝土箱型结构，长 6 m，宽 4 m，深 1.5 m，壁厚 0.5 m，如图 5-6-11 所示。

（6）骨架护坡

对部分渣场边坡采用浆砌石菱形框架梁骨架护坡，护坡坡率采用 1∶2.5，骨架采用浆砌石，骨架内栽植灌草绿化，如图 5-6-12 所示。

图 5-6-11　弃渣场沉沙池实景

图 5-6-12　弃渣场骨架护坡实景

（7）削坡整形

弃渣采用台阶法自下而上分层方式堆置弃渣，弃渣外露坡面精准放线，机械和人工进行分级削坡整形，边坡坡率不得陡于1:2.5，填筑分级高度不得大于6m，分级平台宽度不小于3m。弃渣过程中充分考虑附近微地貌特征，尽量使得削坡整形后的弃渣场能与原山体完美融合，形成整体，从而达到恢复自然生态的目的。

弃渣应分层进行，分层厚度不大于2m；弃渣场底部填筑硬质岩渣，填筑厚度不小于2m。弃渣挡墙20m宽度范围内的弃渣碾压密实；弃渣场基底应进行清除表层不少于0.5m的软弱土层；斜坡地段应顺坡面挖台阶，台阶宽度不小于2.0m，如图5-6-13所示。

图5-6-13　弃渣场削坡整形照片

（8）表土回覆

弃渣完成后将剥离的表土进行回覆，覆土厚度30～50cm，如图5-6-14所示。

（9）土地整治及复耕

弃渣场回覆表土后，进行土地整治。根据现场实际，结合当地需求，对部分渣顶较为平整的情况，有条件恢复为耕地的渣场采取复耕措施，如图5-6-15所示。

图5-6-14　弃渣场表土回覆照片　　图5-6-15　弃渣场土地整治照片

2. 植物措施

（1）弃渣平台绿化

弃渣场在选择水土保持树种的时候应着重考虑抗逆能力强的树草种，本工程弃渣场，灌木主要选择红花檵木、金森女贞等，草籽采用撒播方式，草种主要选择狗牙根、结缕草、麦冬等，播种量80 kg/hm²。

（2）坡面植物绿化

填筑坡面坡比1:2.5，弃渣场边坡采取植灌草防护。

对于不同路段和保护要求的弃渣场设计提出不同的防护方案。

二、弃渣场分类生态修复

弃渣场按照重点绿化地段和一般绿化地段进行分类生态修复。重点绿化地段的弃渣场实施园林造景，达到与周边生态环境相协调目的；一般绿化地段弃渣场以恢复生态为主，所有弃渣场全部复垦复绿。

（一）重点绿化地段弃渣场生态修复

针对"两江一湖"风景区外围保护地带范围内的弃渣场，除了布设常规的拦挡、排水、沉沙、边坡防护、撒播草籽绿化等水土保持综合防治措施体系外，精选绿化树种，如红花继木、金森女贞等常绿小灌木，局部园林造景，达到与周边环境相协调目的，如图5-6-16所示。

图5-6-16 重点绿化地段窑柴坞隧道进口弃渣场生态修复

（二）一般绿化地段弃渣场生态修复

对于一般绿化地段的弃渣场，布设常规的拦挡、排水、沉沙、边坡防护、撒播草籽绿化等水土保持综合防治措施体系，既恢复了场地绿化，也节约了工程建设成本，如图5-6-17～图5-6-20所示。

图5-6-17 一般绿化地段下坑垄隧道出口弃渣场生态修复照片　　图5-6-18 一般绿化地段龙庆寺隧道进口弃渣场生态修复照片

第 六 章
总结与展望

　　杭州至黄山高速铁路位于浙西皖南地区，途经名城（杭州）、名江（富春江）、名湖（千岛湖）、名山（黄山），沿线风景、名胜、古迹众多，自然优美，人文荟萃，是一条名副其实的"世界级黄金旅游线"，被誉为"最美高铁"。杭黄高铁以"美丽杭黄、生态高铁"为生态建设目标，从环保选线选址、生态环境保护、绿色通道建设等方面取得了骄人成就，建成全国一流的生态线、旅游线、文化线、精品线、示范线，是新时期高速铁路生态建设样板工程。

　　浙西皖南大地青山秀水、粉墙黛瓦，令人流连忘返，杭黄高铁仿若一条流动的风景镶嵌其中，与大自然和谐共生，与天地万物相合相融，构成美丽中国壮美画卷的动人篇章。

一、美丽杭黄、生态高铁

（一）环保选线

杭黄高铁沿线分布国家级自然保护区3处，国家和省级风景名胜区3处，国家和省级森林公园14处，饮用水水源保护区6处，文物保护单位10处，历史文化民村镇6处，5A级风景区有7处，4A级风景区有56处，环境敏感区众多。

杭黄高铁在选线之初，就定义为旅游观光铁路，在全面掌握沿线自然保护区、风景名胜区、水源保护区、森林公园、文物古迹等各类环境敏感区分布和影响的基础上，本着"优先避让、重在保护、实现共赢"环保选线总体原则，以集约利用土地资源、保护生态环境、防治环境污染为重点，深度整合沿线地区旅游资源，最大限度靠近风景名胜，最小程度产生生态影响，最强力度实施生态修复，充分发挥"美丽杭黄、生态高铁，乘着高铁游中国"的重要旅游价值。

杭黄高铁严格执行弃渣场选址原则，从设计源头就杜绝弃渣对风景区产生影响和对下游敏感点的安全风险。杭黄高铁贯彻弃渣综合利用理念，结合地方经济发展需求，弃渣优先综合利用，利用率高达79%，从而弃渣场减少84处，堆渣面积减少308 hm^2，进一步降低了对铁路沿线环境的生态影响，从源头控制水土流失危害，是保持水土、资源化利用、节约投资的新突破。

（二）生态保护

为了保护沿线丰富的人文、自然景观，在工程建设实践中，杭黄高铁建设者们深入学习践行习近平总书记"绿水青山就是金山银山"的生态发展理念，统一思想共识，打造生态工程。

杭黄高铁生态环境保护设计本着"预防为主、保护优先、综合治理"理念，严格控制征地范围，减少地表扰动，分析项目施工对生态环境的影响，通过实施有针对性的生态环境保护和防治措施，最大限度降低对土地、林草、水域、文物等资源的影响程度，实现了高铁项目与周边自然生态相协调，同时也带动了周边旅游业的发展。

（三）绿色通道

杭黄高铁沿线风景秀丽，生态保护标准高，景观要求严，沿线各级政府和人民群众对杭黄高铁生态建设高度关注，这对杭黄高铁建设如何适应生态文明建设发展提出了更高的要求。从项目立项起，在建设单位积极组织下，勘察设计单位深入学习践行习总书记"绿水青山就是金山银山"的生态发展理念，统一思想共识，打造生态高铁工程。

杭黄高铁绿色通道建设遵循"四季常绿、三季有花"的绿化设计理念，以"美丽杭黄、生态高铁"为生态建设目标，超前谋划，典型引路，多措并举，优选树草种，针对不同工程分区，制定相适宜的绿化设计方案，实现了"车站依山傍水、一站一景""隧道穿峦越嶂、一洞一景""路基挖堑填堤、一处一景""桥梁衔路接隧、一桥一景"，充分体现杭黄高铁特色和当地风貌。弃渣防护践行"来时青山绿水，走时绿水青山"的生态建设新思路，弃渣场遵循"先拦后弃"的设计理念，全部复垦复绿，确保杭黄高铁生态建设与沿线生态环境相协调相适应。

杭黄高铁绿色通道工程以点带面，合理布局，高标准打造了一条移动观景绿色长廊，真正实现了"车在画中行，人在景中游"的舒适出行体验。

二、流动风景、壮美画卷

随着人们生活水平的提高，人们对生活的质量和方式有了新的追求。对速度的追求让我们不断创造奇迹，拉近彼此的距离；对风景的渴望让我们频繁走出家门，亲近外面的世界。旅客出行途中，目之所及尽是一片翠绿，改善了旅客出行环境，为旅客提供了更好的出行体验。感受绚丽多姿的民族风情，领略神秘壮美的山水风光，绿色高铁展示给亿万旅客一张亮丽的"国家名片"，使更多旅客将高铁作为出行的第一选择，让旅客真正体验一场说走就走的美丽中国高铁游。

我国高铁建设飞速发展，铁路生态建设紧跟铁路发展的步伐。在推进生态文明建设中，中国铁路坚持绿色发展，突出创新引领，砥砺前行，久久为功，统筹好经济发展和生态环境建设的关系，推动发展与生态协同共进、笃行致远，为美丽中国建设绘出一条条绚丽多彩的"移动生态景观画廊"。伴随铁路网、高铁网建设与运营，铁路绿色长廊和生态高铁建设成果不断扩大，全面助力美丽中国建设。

杭黄高铁生态建设大事记

1. 2008年12月，铁道部与安徽省人民政府签署了《关于加快安徽重点铁路项目建设的会议纪要》，其中明确提出新建杭州至黄山铁路。

2. 2009年3月，中铁第四勘察设计院集团有限公司（以下简称"铁四院"）编制完成《新建杭州至黄山铁路预可行性研究》。

3. 2009年9月，铁四院完成《新建杭州至黄山铁路可行性研究》（送审稿）。

4. 2009年9月，铁道部工程设计鉴定中心对《新建杭州至黄山铁路可行性研究》进行了审查。

5. 2010年7月，国家发展和改革委员会以《国家发展改革委关于新建杭州至黄山铁路项目建议书的批复》（发改基础〔2010〕1592号）对杭黄高铁项目建议书进行了批复。

6. 2010年7月，铁四院编制完成《新建杭州至黄山铁路水土保持方案》（送审稿）。

7. 2010年8月，铁道部工程设计鉴定中心在黄山市组织召开了《新建杭州至黄山铁路水土保持方案报告书》预审会。

8. 2010年9月，铁四院完成了《新建杭州至黄山铁路水土保持方案》（报批稿）。

9. 2010年9月，铁四院完成了《新建杭州至黄山铁路环境影响报告书》（送审稿）。

10. 2010年11月8日，国土资源部以《关于新建杭州至黄山铁路建设用地预审意见的复函》（国土资预审字〔2010〕289号）。

11. 2010年12月10日，水利部以《关于新建杭州至黄山铁路水土保持方案的复函》（水保函〔2010〕395号）对本工程水土保持方案报告书（报批稿）予以批复。

12. 2012年1月5日，铁道部批复《关于新建杭州至长沙铁路客运专线预留杭黄铁路引入杭州枢纽同步实施工程及并行地段线间距调整引起Ⅰ类变更设计的批复》（铁鉴函〔2012〕28号）。

13. 2011年1月25日，环境保护部以《关于新建杭州至黄山铁路环境影响报告书的批复》（环审〔2011〕37号）批复了杭黄高铁环境影响报告书。

14. 2012年5月30日，铁道部计划司下发《关于部分项目补充材料的函》

（计长便函〔2012〕14号），要求杭黄高铁推荐采用250 km/h，有砟轨道，部分采用无砟轨道。

15．2012年10月，铁四院完成了《新建杭州至黄山铁路调整可行性研究报告》。

16．2013年1月14日，安徽省住建厅批复《中华人民共和国建设项目规划选址意见书》。

17．2013年3月10日，浙江省住建厅批复《中华人民共和国建设项目规划选址意见书》。

18．2013年5月7日，中国铁路总公司批复《关于新建合肥至福州铁路绩溪黄山地区预留杭黄、皖赣铁路引入同步实施工程Ⅰ类变更设计的批复》（铁总办函〔2013〕219号）。

19．2013年5月8日，国家发改委批复《关于新建杭州至黄山铁路项目节能评估报告的审查意见》（发改办环资〔2013〕1088号）。

20．2013年10月，铁四院完成了《新建杭州至黄山铁路工程变更环境影响报告书》。

21．2013年12月23日，环境保护部以《关于新建杭州至黄山铁路工程变更环境影响报告书的批复》（环审〔2013〕330号）批复了杭黄高铁工程变更环境影响报告书。

22．2014年1月，国家发展和改革委员会以《国家发展改革委关于新建杭州至黄山铁路可行性研究报告的批复》（发改基础〔2014〕132号）对杭黄高铁可行性研究报告进行了批复。

23．2014年2月，铁四院完成了《新建杭州至黄山铁路初步设计》。

24．2014年2月26日至3月1日，中国铁路总公司工程设计鉴定中心在北京对杭黄高铁初步设计进行了审查。

25．2014年4月，中国铁路总公司、浙江省人民政府、安徽省人民政府联合以《中国铁路总公司　浙江省人民政府　安徽省人民政府关于新建杭州至黄山铁路初步设计的批复》（铁总办函〔2014〕487号）对杭黄高铁初步设计进行了批复。

26．2014年5月，铁四院完成杭黄高铁先期开工段站前施工图设计。

27．2014年5月，中国铁路总公司工程管理中心以工管施审函〔2014〕142

号文批复工程先期开工段站前工程施工图设计。

28. 2014年6月30日，杭黄高铁先期开工段开工建设。

29. 2014年7月，铁四院完成杭黄高铁全线站前施工图设计（供审核）。

30. 2014年8月11日，中国铁路总公司工程管理中心在北京对杭黄高铁全线站前施工图审核报告进行审查。

31. 2014年8月，铁四院完成杭黄高铁全线站前施工图设计。

32. 2014年9月，杭黄高铁全线开工建设。

33. 2015年2月4日，中国铁路总公司批复《关于新建杭州至杭黄铁路控制性工程开工建设的批复》（铁总计统函〔2015〕101号）。

34. 2015年8月，建设单位杭黄铁路有限公司委托中国电建集团华东勘测设计研究院有限公司开展水土保持监测工作。

35. 2015年9月1日，浙江省水利厅会同杭州林业水利局、桐庐、建德水利局对项目开展水土保持监督检查。

36. 2015年12月30日，杭黄铁路有限公司获得安徽省环境保护产业协会颁发的"安徽省环境保护优秀施工管理单位"。

37. 2016年5月24日至25日，水利部太湖流域管理局会同安徽省水利厅对杭黄高铁安徽段开展监督检查工作。

38. 2016年12月8日，全长12.013 km的天目山隧道贯通。

39. 2017年3月8日，黄山北站铺下杭黄高速铁路第一对长钢轨。

40. 2017年4月12日，全长9 087 m的峰高岭隧道全线贯通。

41. 2017年8月10日，杭黄高铁最后一座双线隧道—石牛山隧道正式贯通，标志着杭黄高速铁路全线87座山体隧道全部贯通。

42. 2017年11月14日，杭黄高铁传芳特大桥架梁工程完工，标志着杭黄高速铁路线下主体工程全部完工。

43. 2018年3月12日，杭黄高铁铺轨全线贯通。

44. 2018年4月，建设单位委托铁四院开展杭黄高铁弃渣场变更报告编制工作。

45. 2018年5月8日，杭黄铁路有限公司召开水土保持设施验收工作启动会。

46. 2018年5月至6月，建设单位组织各参建单位委托技术咨询单位开展弃渣场稳定性评估工作。

47. 2018年6月28日至29日，水利部太湖流域管理局会同浙江省水利厅对杭黄高铁浙江段开展监督检查工作。

48．2018 年 7 月 25 日，杭黄高铁进入静态验收阶段。

49．2018 年 7 月 28 日，铁四院编制完成了《新建杭州至黄山铁路水土保持方案（弃渣场补充）报告书》（咨询稿）。

50．2018 年 7 月 31 日至 8 月 1 日，建设单位在杭州组织召开《新建杭州至黄山铁路水土保持方案（弃渣场补充）报告书》（咨询稿）专家咨询会议。

51．2018 年 9 月 11 日，杭黄高铁开始联调联试。

52．2018 年 9 月，中国电建浙江华东建设工程有限公司、浙江省地矿勘察院完成弃渣场稳定性评估工作。

53．2018 年 9 月 20 日，铁四院编制完成《新建杭州至黄山铁路水土保持方案（弃渣场补充）报告书》并上报水利部。

54．2018 年 10 月 16 日至 18 日，水利部在杭州主持召开了《新建杭州至黄山铁路水土保持方案（弃渣场补充）报告书》评审会议。

55．2018 年 11 月，水利部以《新建杭州至黄山铁路水土保持方案（弃渣场补充）审批准予行政许可决定书》（水许可决〔2018〕59 号）批复本工程水土保持方案（弃渣场补充）报告书。

56．2018 年 11 月 4 日，杭黄高铁联调联试全面完成。

57．2018 年 11 月 11 日，杭黄高铁开始列车运行图参数测试。

58．2018 年 11 月，中国电建集团华东勘测设计研究院有限公司完成《新建杭州至黄山铁路水土保持监测总结报告》。

59．2018 年 11 月 21 日，杭黄高铁环境保护与水土保持工程静态验收报告通过中国铁路总公司评审。

60．2018 年 12 月，中国电建集团华东勘测设计研究院有限公司完成《新建杭州至黄山铁路水土保持设施验收报告》。

61．2018 年 12 月，安徽省科学技术咨询中心完成《新建杭州至黄山铁路项目竣工环境保护验收调查报告》。

62．2018 年 12 月 13 日至 14 日，杭黄铁路有限公司在浙江省杭州市主持召开了新建杭州至黄山铁路水土保持设施验收会议，同意通过水土保持设施验收。

63．2018 年 12 月 5 日，杭黄高铁环境保护与水土保持工程动态验收报告通过中国铁路总公司评审。

64．2018 年 12 月 9 日至 10 日，中国铁路总公司组成初步验收委员会，对杭黄高铁进行现场检查并召开初步验收会议，同意通过初步验收。

65．2018 年 12 月 24 日，水利部以《水利部办公厅关于新建杭州至黄山铁路水土保持设施验收报备证明的函》（办水保函〔2018〕1798 号）接收杭黄高铁水土保持设施验收报备。

66．2018 年 12 月 25 日，杭黄高铁开通运营。

67．2019 年 9 月，杭黄铁路有限公司获得全国绿化委员会颁发的"全国绿化模范单位"。

68．2019 年 12 月，铁四院和杭黄铁路有限公司联合申报的《杭黄铁路弃渣场及绿色通道工程设计》荣获"第二届中国水土保持学会优秀设计一等奖"。

参考文献

[1] 李博，杨持，林鹏.生态学[M].北京：高等教育出版社,2000.

[2] 张润杰，张古忍，杨廷宝，等.生态学基础[M].北京：科学出版社,2015.

[3] 李振基，陈小麟，郑海雷.生态学[M].4版.北京：科学出版社,2014.

[4] 彭少麟，周婷，廖慧璇，等.恢复生态学[M].北京：科学出版社,2020.

[5] 余新晓，牛健植，关文彬，等.景观生态学[M].北京：高等教育出版社,2006.

[6] 关君蔚.生态控制系统工程[M].北京：中国林业出版社,2007.

[7] 钱桂枫，蔡申夫，张骏，等.走进中国高铁[M].上海：上海科学技术文献出版社,2019.

[8] 郑健，王峰，钱桂枫，等.高铁线路工程[M].上海：上海科学技术文献出版社,2019.

[9] 郑健，贾坚，魏崴.高铁车站[M].上海：上海科学技术文献出版社,2019.

[10] 黄民.新时代交通强国铁路先行战略研究[M].北京：中国铁道出版社有限公司,2020.

[11] 美丽中国编辑部.美丽中国高铁游[M].北京：中国旅游出版社,2020.

[12] 佟立本.铁道概论[M].8版.北京：中国铁道出版社有限公司,2020.

[13] 周晶晶，康仁伟，高鹏飞.高铁漫谈[M].北京：五洲传播出版社,2019.

[14] 中国科协学会服务中心.中国高铁：速度背后的科技力量[M].北京：中国科学技术出版社,2020.

[15] 黄盾.环保工程[M].湖北：湖北科学技术出版社,2015.

[16] 中国铁路总公司运输局工务部.绿化[M].北京：中国铁道出版社,2017.

[17] 王雄.中国高速铁路创新纪实[M].郑州：河南文艺出版社,2017.

[18] 中国水土保持学会水土保持规划设计专业委员会，水利部水利水电规划设计总院.水土保持设计手册：生产建设项目卷[M].北京：中国水利水电出版社,2018.

[19] 中国水土保持学会水土保持规划设计专业委员会：生产建设项目水土保持设计指南

［M］.北京：中国水利水电出版社，2011.

［20］赵方莹.水土保持植物［M］.北京：中国林业出版社，2007.

［21］沈植国，李兴隆，陈大勇.焦桐高速公路泌阳段景观绿化与模式配置研究［M］.郑州：黄河水利出版社，2013.

［22］黄盾.京沪高速铁路安徽凤阳段环保选线与明皇陵保护有关问题研究［C］.中国环境科学学会，2010：663-666.

［23］龚平.运用环境影响评价原理指导交通工程建设项目环保选线［J］.铁道标准设计，2010（6）：1-5.

［24］刘云斌，幸勤.环保选线在铁路工程中的应用探讨［J］.成都大学学报（自然科学版），2010，29（2）：163-165.

［25］罗运武，韩鹏，郑光玉，等.川藏铁路雅安至康定段环保选线研究［J］.铁道工程学报，2017（8）：1-5.

［26］谢汉生，李耀增，张灿明.新建荆岳铁路对东洞庭湖自然保护区的影响分析［J］.中国铁路，2010（2）：70-73.

［27］孟凡强.铁路实现绿色发展的路径探讨［J］.铁路节能环保与安全卫生，2019，9（5）：14-17.

［28］周卫军.铁路建设项目环境影响及对策措施［J］.中国铁路，2020（8）：23-29.

［29］杨栋林，史文胜.铁路区间绿色通道研究［J］.铁路工程学报，2006（7）：30-33.

［30］刘好正.京沪高速铁路绿色通道设计［J］.山西建筑，2010，36（16）：345-348.

［31］李中仙.复杂山区铁路的绿色通道设计实录［J］.铁道勘察，2013（2）：64-67.

［32］姜益民.平原河网地区普速铁路绿色通道设计［J］.铁道建筑技术，2013（1）：78-80.

［33］高志亮，王忠合，俞峰，等.杭州至黄山铁路绿色通道工程设计［J］.铁路节能环保与安全卫生，2020，10（1）：7-11.

［34］刘扬.铁路沿线景观营造研究［D］.株洲：湖南工业大学，2019.

［35］雷燚.城市区域内铁路沿线景观设计研究［D］.天津：天津大学，2010.

［36］麦克卢斯基.道路型式与城市景观［M］.北京：中国建筑工业出版社，1992：30-110.

［37］王振广.我国铁路运输业低碳绿色发展研究［D］.大连：大连海事大学，2012.

［38］白成玉，徐亮，王舒羽.道路景观设计研究综述［J］.科技信息，2010（17）：342-360.

[39] 邹晓榕.基于景观生态学视角下的高速铁路沿线景观规划研究[D].苏州:苏州科技学院,2014.

[40] 陈琳.南京栖霞段京沪高速铁路生态廊道建设[J].现代园艺,2016(20):164.

[41] 王志琳.铁路建设对生态环境的影响分析[J].甘肃科技,2011,27(12):68-69.

[42] 中华人民共和国水利部.水土保持工程设计规范:GB 51018—2014[S].北京:中国计划出版社,2014.

[43] 中华人民共和国水利部.生产建设项目水土保持技术标准:GB 50433—2018[S].北京:中国计划出版社,2018.

[44] 中华人民共和国水利部.生产建设项目水土流失防治标准:GB/T 50434—2018[S].北京:中国计划出版社,2018.

[45] 中华人民共和国国土资源部.土地利用现状分类:GB/T 21010—2017[S].北京:中国标准出版社,2017.

[46] 中国铁路总公司.铁路工程绿色通道建设指南:铁总建设〔2013〕94号[S].北京:中国铁道出版社,2013.

[47] 中国铁路总公司.铁路工程绿化设计和施工质量控制标准(南方地区):Q/CR 9526—2019[S].北京:中国铁道出版社有限公司,2019.

[48] 中铁第四勘察设计院集团有限公司.新建杭州至黄山铁路预可行性研究[R].武汉:中铁第四勘察设计院集团有限公司,2009.

[49] 中铁第四勘察设计院集团有限公司.新建杭州至黄山铁路可行性研究[R].武汉:中铁第四勘察设计院集团有限公司,2010.

[50] 中铁第四勘察设计院集团有限公司.新建杭州至黄山铁路修改可行性研究[R].武汉:中铁第四勘察设计院集团有限公司,2012.

[51] 中铁第四勘察设计院集团有限公司.新建杭州至黄山铁路初步设计[R].武汉:中铁第四勘察设计院集团有限公司,2014.

[52] 中铁第四勘察设计院集团有限公司.新建杭州至黄山铁路施工图[Z].武汉:中铁第四勘察设计院集团有限公司,2014.

[53] 中铁第四勘察设计院集团有限公司.新建杭州至黄山铁路环境影响报告书[R].武汉:中铁第四勘察设计院集团有限公司,2010.

[54] 杭州市城市规划设计研究院.杭州至黄山铁路("两江一湖"风景名胜区段)项目规划选址论证报告[R].杭州:杭州市城市规划设计研究院,2010.

[55] 中铁第四勘察设计院集团有限公司. 新建杭州至黄山铁路工程变更环境影响报告书[R]. 武汉：中铁第四勘察设计院集团有限公司，2013.

[56] 杭黄铁路有限公司，中国电建集团华东勘测设计研究院有限公司. 新建杭州至黄山铁路水土保持设施验收报告[R]. 黄山：杭黄铁路有限公司，2018.

[57] 杭黄铁路有限公司，安徽省科学技术咨询中心. 新建杭州至黄山铁路竣工环境保护验收调查报告[R]. 黄山：杭黄铁路有限公司，2018.

[58] 郑朝宗. 浙江植物区系的特点[J]. 浙江大学学报，1987,14（3）：348-361.

[59] 唐宇力，章银柯，黎念林，等. 浙江省木本植物区系特征及其与引种驯化的关系[J]. 亚热带植物科学，2006,35（1）：60-63.

[60] 何家庆，董金廷，章旭东. 安徽植物增补及地理新分布[J]. 植物研究，1995（2）：191-194.

[61] 沈显生，张小平. 安徽省种子植物多样性的研究[J]. 植物研究，1997（4）：413-420.